Horst Hübel

Der einfache elektrische Stromkreis
altes Wissen und neue Erkenntnis

Der einfache elektrische Stromkreis

altes Wissen und neue Erkenntnis

Von

Horst Hübel

Würzburg

Bibliografische Information Der Deutschen Bibliothek

Die Deutsche Bibliothek verzeichnet diese Publikation in der Deutschen Nationalbibliografie; detaillierte bibliografische Daten sind im Internet über <http://www.dnb.ddb.de> abrufbar.

Das vorliegende Werk wurde sorgfältig erarbeitet. Dennoch übernehmen Autor und Verlag keinerlei Haftung für die Richtigkeit von Angaben, Ratschlägen und Hinweisen sowie für eventuelle Druckfehler.

Herstellung und Verlag:

BoD- Books on Demand, Norderstedt

ISBN 978-3-7386-0094-0

Inhaltsverzeichnis

Vorwort

Der **Schülerteil** dieser Schrift ist ein für Schüler vorgesehenes Konzept einer schulischen Behandlung des Stromkreises, das aktuelle Erkenntnisse der Physikdidaktik berücksichtigt. Der Lehrgang sollte über mehrere Schuljahre verteilt werden. Der **Lehrerteil** gibt vor allem mit Hilfe der Elektrodynamik Begründungen bestimmter Aspekte des im Schülerteil vorgeschlagenen Unterrichtsgangs.

Notwendig gemacht haben diese Schrift physikdidaktische Trends der letzten Jahre, die im Licht der Elektrodynamik m.E. nicht unproblematisch sind.

Einerseits ist da die Forderung, in der Schule solle **Spannung als Potenzialdifferenz** eingeführt werden. Das ist in der Elektrostatik zweifellos sinnvoll, schließt aber die korrekte Behandlung einer Induktionsspannung aus. Dagegen gibt es eine einheitliche Definition einer Spannung für alle Fälle mit Hilfe der Arbeit, die relativ einfach ist und zudem der Spannungsdefinition nach der Norm DIN 1324 entspricht.

Andererseits wurden für die Didaktik **Oberflächenladungen** bei stromdurchflossenen Leitern wiederentdeckt, was m.E. auch zu allerlei Verwirrung führte. Wenn ich es recht verstehe, halten manche Autoren Oberflächenladungen für die Ursache des Stroms und nicht etwa Vorgänge in der Energiequelle. Andere scheinen zu glauben, dass man nur mit Oberflächenladungen den Spannungsbegriff verstehen könne. Oberflächenladungen (Mantel- und Stirnladungen) passen tatsächlich die elektrische Feldstärke in dünnen Leitern an die richtige Größe und Richtung an, wie sie das Ohm'sche Gesetz für den jeweiligen Leiterabschnitt entsprechend dessen Leitfähigkeit und Querschnitt erfordert. Sie sorgen dafür, dass die elektrische Feldstärke im Leiter der Leitergeometrie folgt trotz beliebiger Leiterführung. Eine interessante Tatsache! Aber für den Schulunterricht genügt m.E. eine qualitative Erwähnung.

Das altbekannte Modell von **Ladungsmangel und -überschuss** an den Polen der Batterie, das bei Stromlosigkeit zweifellos richtig ist, soll neuerdings mit Hilfe von Oberflächenladungen zu einer Triebkraft für den Stromfluss erweitert werden. Zwischen dem Minus-Pol und dem ersten Widerstand sollen negative Ladungen ein **verdichtetes Gas** bilden und bei dessen Expansion - überspitzt formuliert - als Sprengsatz wirken, der die Elektronen durch den Stromkreis katapultiert! Dabei fordern Kontinuitätsgleichung und Ohm'sches Gesetz *im Leiter* Ladungsanhäufungen nur im Bereich von Leitfähigkeits- oder Querschnitts*änderungen*, wo sie die jeweiligen elektrischen Feldstärken anpassen. Der Sprengsatz existiert nicht! Auch für die modellmäßige Konstruktion eines Zusammenhangs mit Oberflächenladungen fehlt m.E. ein Anlass. Und ein Fließgleichgewicht würde keine Kompressibilität erfordern.

Im Lehrerteil werden auch solche Argumente diskutiert und belegt.

Viel Gewinn bei der Lektüre,

Horst Hübel, März 2019

I Schülertext

I.1 Elektrische Energiequellen

Mit elektrischen Energiequellen hast du schon lange zu tun, seit du ein elektrisch betriebenes Spielzeug oder ein Handy besitzt. Die einfachste elektrische Energiequelle wurde schon um 1800 erfunden, indem zwei verschiedene Metalldrähte in ein saures Medium gesteckt wurde, z.B. einen Apfel. Auf einem ähnlichen Prinzip beruht eine stabförmige Monozelle. Mehrere Monozellen sind zu einer Batterie kombiniert, z.B. zu einem 9V-Block (Abb. 29), oder zu einer (heutzutage schwer erhältlichen) Flachbatterie. Die 9V-Batterie heißt manchmal auch Energieblock. Von Zeit zu Zeit müssen Monozellen oder Batterien ersetzt werden, weil sie „verbraucht" sind.

Akkus lassen sich wieder aufladen. Sie werden u.U. in den gleichen Bauformen angeboten. Akku ist die Kurzform für Akkumulator. Wenn er geladen wird, sammelt er Energie auf. Auch die Autobatterie ist ein Akku, der während der Fahrt durch die Lichtmaschine immer wieder neue Energie speichert. Dein Smartphone oder dein Tabletcomputer enthält einen Lithium-Akku; du musst ihn immer wieder an ein Netzgerät („Adapter") zum Laden anschließen. Vielleicht besitzt dein Vater eine Power-Bank, damit seinem Tablet unterwegs nicht der „Saft ausgeht". Auch das ist ein Akku. Eigentlich müsste er Energy-Bank heißen, aber das klingt nicht so gut.

Batterien und Akkus liefern die Energie zum Betrieb bestimmter elektrischer Kleingeräte.

Haushaltsgeräte beziehen ihre Energie normalerweise aus der Steckdose in der Wand. Steckdosen sind keine Energiequellen. Sie stellen lediglich die Anschlüsse zur Verbindung mit einer extrem ergiebigen Energiequelle dar, dem Elektrizitätswerk. Für die Energie, die das E-Werk liefert, müssen deine Eltern viel bezahlen.

Du solltest nie mit Steckdosen experimentieren.

Steckdosen können bei unsachgemäßem Umgang lebensgefährlich werden!
Experimentiere nur mit ungefährlichen Monozellen, Batterien oder Akkus!

Was ist Energie überhaupt? Hier findest du nur eine vorläufige Antwort:

- Sie ist Grundlage für fast alle Vorgänge; nichts in der Physik geschieht ohne Energie.
- Elektrische Energie ist teuer: für sie muss gezahlt werden.
- Energie kann *nicht verbraucht*, sondern nur in gleichviel Energie einer anderen Form *umgewandelt* werden: Licht, Wärme, mechanische, chemische Energie.
- Die Einheit der Energie ist 1 J (Joule; „dschuul" gesprochen).

Später wirst du dazu mehr erfahren. In einem Lämpchen wird elektrische Energie in Lichtenergie *umgewandelt*. Man kann jedoch in obigem Sinn sagen, dass in einem Lämpchen elektrische Energie aus der Batterie „verbraucht" und daraus gleichviel Licht- und Wärmeenergie erzeugt wird.

Es gibt zwei wesentliche Typen von Energiequellen:

- **chemische:** z.B. Monozelle; Batterie aus mehreren Monozellen; auch „Apfelbatterie"; Akkus
- **elektromagnetische (induktive):** z.B. ein Fahrrad-Dynamo (Generator). Hier spielen elektrische und magnetische Felder eine Rolle. Letzten Endes steckt eine induktive Energiequelle in jedem E-Werk und Netzgerät. Siehe Schülerversuch mit Leuchtdioden (Abb. 1).

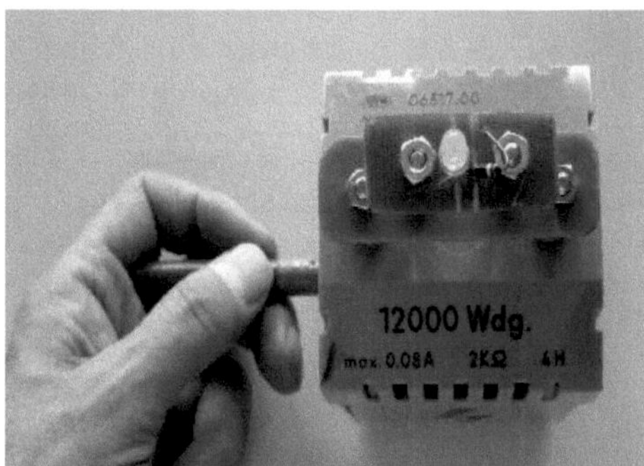

Daneben gibt es noch **elektrostatische Energiequellen** wie z.B. den Bandgenerator. Sie werden heutzutage nur mehr für spezielle Zwecke eingesetzt, z.B. für Demonstrationsversuche in der Schule.

Abb. 1: Finde heraus, wie du mit dem Stabmagneten und einer Spule einen Strom in der Leuchtdiode (LED) erzeugen kannst. Das Verfahren heißt Induktion. Bewegter Magnet und Spule bilden den Grundtyp einer induktiven Energiequelle.

I.2 Der elektrische Stromkreis

Dir stehen verschiedene Bauteile zur Verfügung:

- eine Energiequelle (z.B. eine Monozelle, eine Batterie, ein Netzgerät, …). Sie liefert die Energie für den Stromkreis.

- Du weißt bereits: Der Steckdose in der Wand kann auch Energie entnommen werden. Die eigentliche Energiequelle ist in diesem Fall aber das E-Werk.

> **Mit der Steckdose darfst du auf keinen Fall experimentieren. Das wäre lebensgefährlich! Experimentiere nur mit ungefährlichen Batterien!**

- Leitungen aus gut leitenden Metallen ("Leitern"; sie heißen so, weil sie den elektrischen Strom leiten),
- verschiedene Materialien aus Kunststoff oder Glas. Kunststoff umgibt auch normale elektrische Leitungen als „Isolator". Mit Hilfe von Krokodilklemmen kannst du auch solche Materialien anschließen.
- einen Schalter,
- Lämpchen oder Leuchtdioden, oder auch ein kleiner Elektromotor.

Wir nennen sie Energiewandler, weil sie elektrische Energie in Licht, Wärme oder mechanische Energie umwandeln. Wir nutzen sie auch zum Anzeigen eines Stroms, als Stromanzeiger.

Baue mit diesen Bauteilen einen funktionierenden Stromkreis auf.

In Abb. 2 kannst du schon mal mit dem Bleistift dein Experiment vorbereiten: Setze die grauen Verbindungsleitungen so fort, dass deiner Meinung nach das Lämpchen leuchtet, dass ein geschlossener Stromkreis entsteht.

Im Versuch wirst du schnell bemerken:

Es gibt Materialien, die den Strom leiten, und andere, die nicht leiten. Die letzte Art von Materialien heißen **Isolatoren**. Auch Leiter sind mit einer Schutzhülle aus einem Isolatormaterial umgeben, wie du schon erfahren hast.

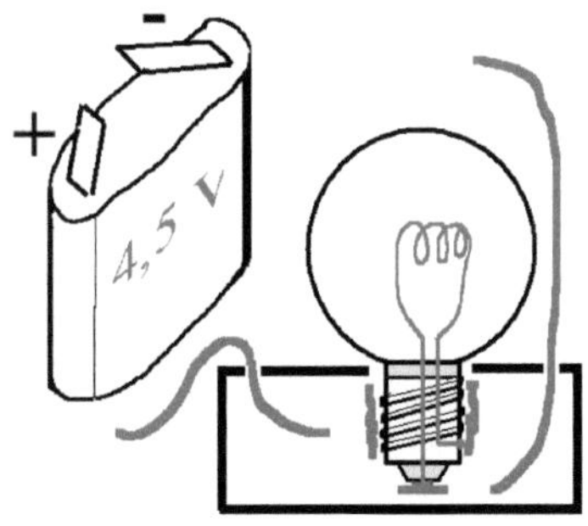

Abb. 2: Ein einfacher Stromkreis mit Flachbatterie und Lämpchen in einer Fassung. Zeichne ein, wie die Leitungen (grau) zu verbinden sind, damit das Lämpchen leuchtet. Die Batterie arbeitet als Energiequelle.

An die Energiequelle müssen immer zwei Leitungen angeschlossen sein: Eine "Hinleitung" und eine "Rückleitung". Die "Hinleitung" führt von der Energiequelle zum Energiewandler hin, die "Rückleitung" vom Energiewandler weg zur Energiequelle zurück. Ein Strom kann nur fließen, wenn ein geschlossener Weg aus Leitern von der Energiequelle zum Energiewandler und zur Energiequelle zurück führt, eventuell über geschlossene Schalter. Das gilt auch für beliebige andere Bauteile in einer elektrischen Schaltung. Immer wird eine "Hinleitung" und eine "Rückleitung" benötigt. Deswegen sprach man schon früh von einem Strom"kreis", auch, wenn er nicht die Form eines Kreises haben muss.

Dass ein Strom fließt, siehst du an seinen Wirkungen im Lämpchen. Es leuchtet dann z.B. und gibt Licht und Wärme nach außen ab.

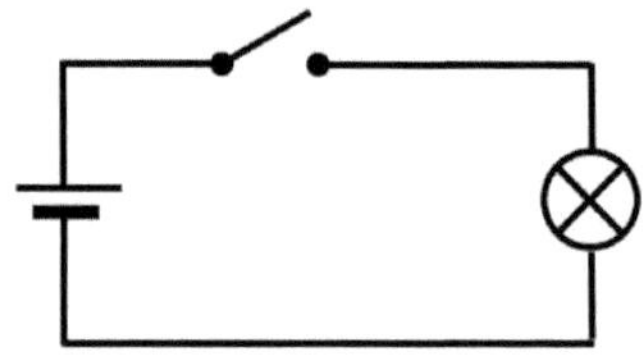

Abb. 3: Hinleitung für den Strom (oben: grau) und Rückleitung (unten: schwarz): immer im Kreis herum.

Vom Lämpchen ausgehend sind 4 Lichtstrahlen gezeichnet. Das Symbol für ein Lämpchen in der Schaltskizze entsteht, indem die Strahlen außerhalb von ihm weggelassen werden.

Abb. 4: Ein einfacher Stromkreis mit Energiequelle, Schalter und Lämpchen. Du bist clever genug, um die Schaltskizze mit den richtigen Bezeichnungen versehen zu können, sogar mit der korrekten Polarität. Denn der lange Balken im Symbol der Energiequelle erinnert daran, dass man für das Pluszeichen längere Striche zeichnen muss als für das Minuszeichen..

Abb. 5: So kannst du den Stromkreis mit einem Lämpchen ebenfalls schließen! Beschreibe, wie hier der Strom fließt! (Die Stromanschlüsse der Flachbatterie werden manchmal Zungen genannt.)

Es wandelt elektrische Energie in Lichtenergie und Wärme um. Deshalb heißt ein Lämpchen, eine Heizplatte oder ein Elektromotor **Energiewandler**. Ein Elektromotor wandelt elektrische Energie in mechanische Arbeit oder mechanische Energie um. Wir benutzen Lämpchen hier als Stromanzeiger.

Anmerkung: "Hinleitung" und "Rückleitung" sind keine offiziellen Begriffe. Dein Lehrer wird sie vielleicht gar nicht schätzen. Aber sie erläutern den Sachverhalt meiner Ansicht nach sehr klar.

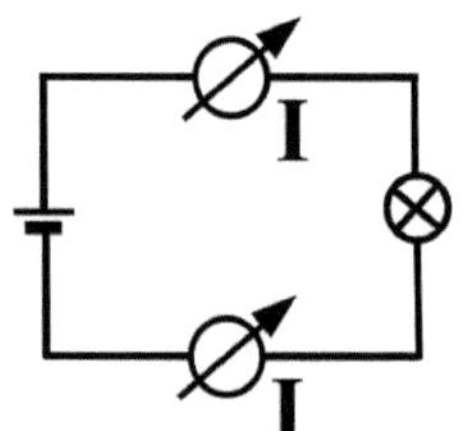

Abb. 6: Messung des „Stroms" an verschiedenen Stellen des Stromkreises, auch in „Hin-" und „Rückleitung"

Der Strom fließt immer im Kreis herum

Wie ein Strommesser funktioniert, wirst du erst später erfahren. Jetzt sollst du schon mal in einen geschlossenen Stromkreis mit einem Lämpchen einen Strommesser an verschiedenen Stellen einbauen (Abb. 6).

Versuch: Vergleiche also die Ströme durch die "Hinleitung" und durch die "Rückleitung" mittels des Zeigerausschlags!

> Der Strom im unverzweigten Stromkreis ist überall der Gleiche! Der Strom fließt immer unverändert im Kreis herum.

Der Stromtanz

Wenn du dir vorstellst, dass du das **Fließen des Stroms** durch Kreisen mit einem Arm veranschaulichst, wie müsstest du dann das *ständige* Fließen des Stroms im Kreis herum darstellen?

Solange der Strom nicht unterbrochen ist, fließt er immer im Kreis herum.

Abb. 7: **Stromtanz**: *Die beiden Mädchen demonstrieren mit ihrem Tanz, dass der Strom immer unverändert im Kreis herum fließt, solange, bis er unterbrochen wird.*

Die beiden Mädchen haben einen solchen "Stromtanz" aufgeführt und "den Strom viele Male immer wieder im Kreis herum fließen lassen".

Wozu soll das gut sein, dass der Strom immer im **Kreis herum** fließt?

Selbst, wenn sich der Strom durch einen Energiewandler, wie ein Lämpchen, hindurchzwängt: so fließt er unverändert wieder aus ihm heraus, so wie er in ihn hineinfloss. Der Strom wird durch Energiewandler nicht verändert. Für elektrischen Strom kann man auch nicht bezahlen, weil das E-Werk den *Strom*, so wie es ihn (auf der "Hinleitung") an den Haushalt geliefert hat, unverändert wieder (auf der "Rückleitung") abholt. Deswegen also zwei Leitungen vom E-Werk zum Haushalt, eine Leitung zum Liefern des Stroms, und die zweite zum Abholen des unveränderten Stroms. Dazu braucht man dann auch zwei Pole in der Steckdose oder Energiequelle. Elektrischer Strom hat offensichtlich keinen kommerziellen Wert; in diesem Sinn ist er wertlos. Aber er vermittelt den Transport von Energie aus der Energiequelle.

> **Elektrischer Strom ist wertlos** (aber **nicht nutzlos**)! Er wird von der Energiequelle geliefert und ***unverändert*** wieder zurück genommen. Strom kann nicht verbraucht werden!

Aber deine Eltern beklagen sich doch immer über die zu hohe „Strom"rechnung und den hohen „Stromverbrauch", den angeblich du beim Fernsehen verursacht hast? Tatsächlich meinen sie die gelieferte **elektrische Energie** und die Rechnung für sie.

Modell des Metalls

Durch schlechte Leiter kann kein nennenswerter Strom fließen. Für Stromleitungen wird meistens das sehr gut leitende Metall Kupfer verwendet. Silber oder gar Gold sind noch bessere Leiter. Du kannst dir schon denken, weshalb man sie nur in Ausnahmefällen verwendet. Aluminium wäre auch brauchbar, aber es ist ein schlechterer Leiter als Kupfer.

Woran liegt das?

Könntest du in einen guten metallischen Leiter hineinschauen, würdest du sehen, dass er aus positiven und negativen Ladungen aufgebaut ist. Das besagt ein einfaches Leitermodell.

In vielen Fällen besteht das Metall aus positiven Atomrümpfen und dazwischen frei beweglichen Leitungselektronen, also negativen Ladungen. In der Regel ist jedes nicht zu kleine Leiterstück im Stromkreis elektrisch neutral, d.h. es sind immer gleich viele positive wie negative Ladungen vorhanden. Durch die Energiequelle werden die Leitungselektronen zwischen den Atomrümpfen hindurch "gepumpt". Die Atomrümpfe dagegen bleiben mehr oder weniger an ihren Orten; sie lassen sich nicht "pumpen".

In **schlechten Leitern** dagegen sind nur wenige frei beweglichen Ladungen vorhanden, in **Isolatoren** (Nichtleitern) gar keine, oder sie können sich schlecht bewegen.

Man hat vereinbart: "Der Strom soll außerhalb der Energiequelle vom Plus- zum Minuspol" fließen, so als wäre "der Strom" ein Gegenstand, etwas, das sich vom Plus- zum Minuspol bewegt.

Was bedeutet Strom überhaupt?

In Wirklichkeit ist der Strom **"das Fließen"**, also die **Bewegung** (!), *von etwas*, von elektrischen Ladungen. Diese fließen ein Stück in Richtung von einem Pol zum anderen. Da sich die Sprechweise "der Strom fließt" im Laufe der Jahrhunderte eingebürgert hat, behält man sie bei, obwohl sie irreführend ist.

> Ein Strom bedeutet "das Fließen" von elektrischen Ladungen.

Manchmal sagt man auch: "Ein Strom wird durch bewegte elektrische Ladungen transportiert." Gemeint ist die Aussage des Kastens.

In guten metallischen Leitern fließen negative Leitungselektronen *außerhalb der Energiequelle* vom Minus- zum Pluspol. Das passt gut zu der Vorstellung, dass an der *unverbundenen* Energiequelle am Minuspol ein Überschuss an negativen Ladungen vorhanden war, also dann, *wenn noch kein Strom floss*. Der Strom versucht, den Überschuss von negativen Ladungen am Minuspol *auszugleichen*, indem Ladungen den vorher am Pluspol vorhandenen Mangel an negativen Ladungen verringern.

Dieser Ladungsausgleich geschieht in Sekundenbruchteilen nach dem Schließen des Stromkreises und ist in der Regel dann beendet.

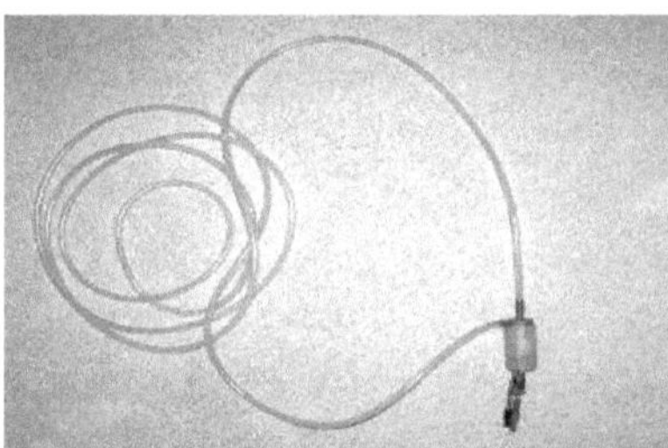

*Abb. 9: **Wasserstrom-Modell** eines einfachen Stromkreises mit Energiequelle (Pumpe), Leitung und Widerstand (der hier nicht sichtbare Strömungswiderstand). Auch, wenn der Leiterkreis verformt oder wenn Teile von ihm angehoben werden, der Strom wird nicht verändert. Um nach oben zu steigen, gewinnt das Wasser potenzielle Energie, beim Herunterströmen verliert es genau sie wieder. Der Wasserstrom wird so nicht beeinflusst, selbst wenn der Schlauch bis zum Mond geführt werden könnte.*

Offenbar spielt potenzielle Energie keinerlei Rolle.

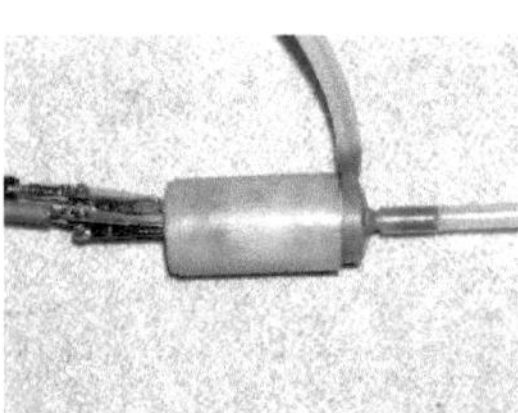

Abb. 8: Scheibenwascherpumpe vom Auto – Teil des Stromkreises vom Wasserstrom-Modell; Energiezufuhr über Krokodilklemmen links

Niemand braucht sich jetzt mehr um ihn kümmern.

Die Energiequelle, die vorher für Ladungsmangel und Ladungsüberschuss am anderen Pol gesorgt hatte, pumpt jetzt die im Leiter vorhandenen frei beweglichen Ladungen weiter, immer im Kreis herum, ohne dass an den Polen ein Mangel oder Überschuss von Ladungen noch eine Rolle spielt. Gute Leiter stellen die frei beweglichen Ladungen zur Verfügung; sie sind im Stromkreis immer vorhanden.

Modelle des Stromkreises

1. Aus einem langen Stück Plastikschlauch und einer Scheibenwascherpumpe eines PKWs ist in Abb. 9 das **Wasserstrom-Modell** eines Stromkreises aufgebaut. Die Pumpe entspricht der Energiequelle, der Plastikschlauch den Leitungen, das im Schlauch enthaltene Wasser den in den Leitungen immer vorhandenen elektrischen Ladungen. Auf der einen Seite wird Wasser aus der Pumpe herausgepumpt, auf der anderen Seite wieder angesaugt und wieder durch die Pumpe hindurch gepumpt. So fließt das Wasser ständig im Kreis umher. Die Pumpe produziert kein Wasser, sondern bewegt nur im Schlauch vorhandenes Wasser. Ebenso produziert eine Energiequelle keine Ladungen, sondern bewegt nur im Stromkreis vorhandene Ladungen.

Um mittels der Pumpe Wasser durch den Stromkreis zu pumpen, wird Energie benötigt. Sie wird elektrisch zugeführt (unter der Pumpe in Abb. 9 sind die farbigen Anschlüsse sichtbar). Auch um durch den elektrischen Stromkreis elektrische Ladungen zu pumpen, wird Energie benötigt. Sie wird häufig - wie bei der Batterie - durch chemische Vorgänge in der Energiequelle (Batterie) gewonnen.

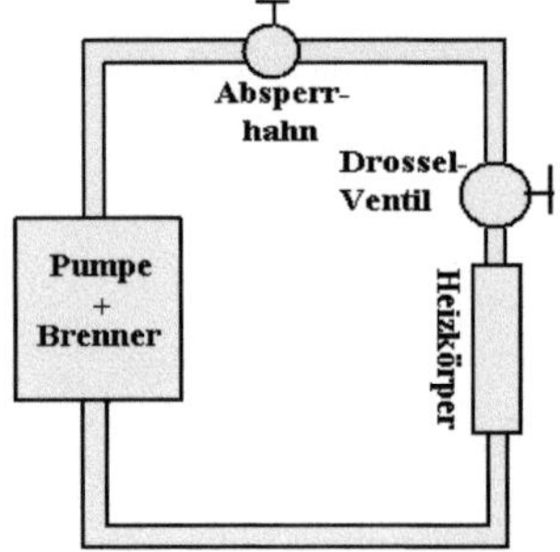

Abb. 10: Stromkreis der Warmwasserheizung: Es ist klar, dass hier ein Wassertransport und ein Energietransport (Wärmetransport) stattfindet.

2. Ein ähnlicher Wasserstromkreis liegt bei einer **Warmwasserheizung** vor. Die Pumpe befindet sich hier im Heizungskeller. Sie transportiert heißes Wasser in die Heizkörper der Wohnung. Der Wasserstrom wird von der Pumpe ständig im Kreis herum gepumpt. Die Energie (hier Wärme) stammt aus dem Brenner, ebenfalls im Heizungskeller. Sie wird vom Brenner aus in die Heizkörper transportiert und dort an den Raum abgegeben.

3. Ich las einmal (W. Beaty):

> **„A battery or generator is like your heart: it moves blood, but it does not create blood."**

Stromtransport mit positiven Ladungsträgern

In deiner Umgebung spielen auch Leiter eine große Rolle, in denen der Strom durch positive Ladungen transportiert wird: In jedem Fernseher, PC oder MP3-Player gibt es Tausende von solchen Situationen.

Wenn also der elektrische Strom durch positive Ladungen transportiert wird, dann wird versucht, einen - vor dem Schließen des Stromkreises - vorhandenen Überschuss an positiven Ladungen am Pluspol und einen Mangel an positiven Ladungen am Minuspol dadurch auszugleichen, dass nach Schließen des Stromkreises positive Ladungen **vom Pluspol zum Minuspol** fließen.

Es gibt auch Bauteile und Leiter, bei denen abschnittsweise der Strom durch positive und durch negative Ladungen transportiert wird, wie bei einer Leuchtdiode (LED), oder durch beide gleichzeitig. Erst später (Kap. I.6.7) sollst du die Verhältnisse dort verstehen.

Aber du musst zugeben: Die Diskussion mit Hilfe der positiven oder negativen Ladungsträger erscheint recht kompliziert. Zum Glück verzichtet man häufig auf sie und spricht viel einfacher eben nur vom fließenden Strom. So kann man sich das Leben leicht machen!

> **Im unverzweigten Stromkreis wird der elektrische Strom von der Energiequelle ungeschwächt immer im Kreis herum gepumpt, außerhalb der Energiequelle vom Plus- zum Minuspol, im Inneren vom Minus- zum Pluspol weiter, usw.**

I.3 Elektrische Ladungen

Alle Materie enthält elektrische Ladungen. Das kommt daher, dass Atome aus Elektronen und Atomkernen bestehen. Besonders in Metallen kann sich ein Elektron leicht vom Atom lösen. Dann entsteht im Metall ein freies Elektron, und ein Rest, der Atomrumpf. Das „Leitungselektron" bewegt sich zwischen den Atomrümpfen im Metall quasi völlig frei.

Es gibt zwei Sorten von Ladungen. Du siehst das besonders einfach mit einem „elektronischen Elektroskop". Der Unterschied wird dort mit einer grünen bzw. einer roten LED angezeigt.

Versuch: Nimm zwei saubere Folien (z.B. vom Tageslichtprojektor). Lege sie aufeinander auf einen Tisch mit Kunststoffplatte und streiche mehrmals kräftig mit der Hand darüber. Wenn du die Folien gemeinsam von der Tischplatte abziehst, hörst du schon ein Knistern und spürst Kräfte.

Löse nun die beiden Folien voneinander: Du spürst, wie sie sich gegenseitig anziehen, vielleicht hörst du wieder ein Knistern.

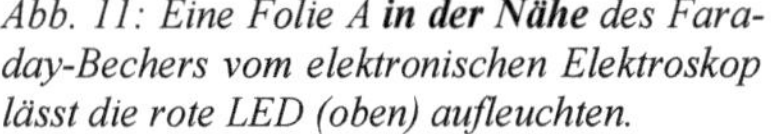
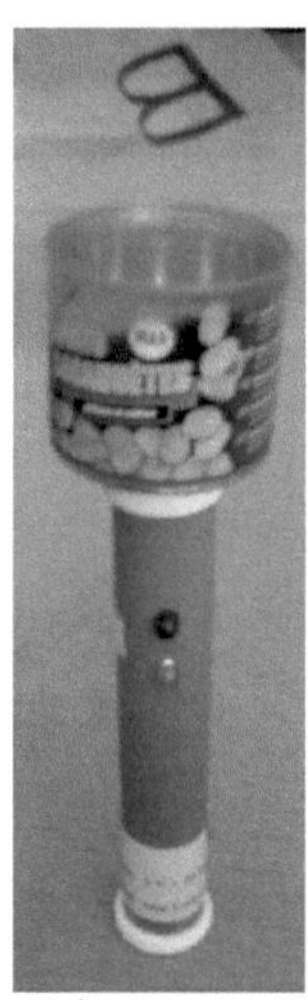

*Abb. 11: Eine Folie A **in der Nähe** des Faraday-Bechers vom elektronischen Elektroskop lässt die rote LED (oben) aufleuchten.*

*Abb. 12: Eine Folie B **in der Nähe** des Faraday-Bechers vom elektronischen Elektroskop lässt die grüne LED (unten) aufleuchten.*

Bringe nun die eine Folie (A in Abb. 11) **in die Nähe** des Elektroskops, entferne sie wieder und bringe auch die zweite Folie (B in Abb. 12) **in die Nähe**.

Die Folie darf das **Elektroskop nicht berühren**! Das könnte das Elektroskop zerstören.

Was beobachtest du? Wie kannst du die unterschiedliche Anzeige erklären? Wie die Kräfte zwischen den beiden Folien, das Knistern beim Lösen der Folien voneinander?

Die eine Sorte von Ladungen wurde willkürlich „negativ" genannt. Wie man später herausgefunden hat, trifft das z.B. für Elektronen zu. Die zweite Sorte wurde „positiv" genannt. Das trifft z.B. für Atomrümpfe zu.

Ein **Versuch** („Wattebausch") zeigt deutlicher, was du schon beobachtet hast:

Bringe einen Wattebausch in die Nähe des kugeligen Konduktors eines Bandgenerators, der elektrisch geladen ist, nehmen wir an, negativ. Lasse den Wattebausch dann los. In der Regel wird er vom geladenen Konduktor angezogen. Aber dann passiert – mit etwas Glück - etwas Überraschendes!

Der erste Teil lässt sich damit erklären, dass im Wattebausch nahe des Konduktors positive Ladungen vorhanden sind. Sie werden von den negativen Ladungen des Konduktors angezogen. Aber, sobald der Wattebausch den Konduktor berührt, fließen auf ihn negative Ladungen vom Konduktor. Die negativen Ladungen des Konduktors und des Wattebausches stoßen sich jetzt ab und der Wattebausch schießt davon.

Anfangs ist der Wattebausch noch nicht geladen, sondern neutral, aber in ihm haben sich Ladungen verschoben. Die positiven haben sich an dem Ende gesammelt, das dem Konduktor näher liegt. Sie ziehen den ganzen Wattebausch zum Konduktor. An diesem Ende ist die Anziehung nämlich größer als die Abstoßung der ferneren negativen Ladungen.

> Gleichnamige Ladungen (z.B. positive und positive) stoßen sich ab, ungleichnamige (negative und positive) ziehen sich an.

Ladungen sind immer positive oder negative ganzzahlige Vielfache der Elektronenladung. Wenn ein Elektron die Ladung e hat, dann haben N Elektronen die N-fache Ladung $N \cdot e$. Die Gesamtladung aus N Elektronen heißt dann Ladungsmenge Q oder kurz Ladung Q.

[Der Zahlenwert von $e = -1{,}6 \cdot 10^{-19}$ A·s $= -1{,}6 \cdot 10^{-19}$ C (Coulomb) interessiert vorläufig nicht. $1{,}6 \cdot 10^{-19}$ A·s ist die so genannte Elementarladung.]

Dass du in den Versuchen Wirkungen über einige Entfernung beobachten konntest, hat mit dem „elektrischen Feld" zu tun, das von Ladungen ausgeht und den Raum erfüllt. Du kennst bereits das magnetische Feld. Beide zusammen werden „**elektromagnetisches Feld**" genannt.

I.4 Aufgaben des elektrischen Stromkreises

1. Aufgabe des Stroms: Im Stromkreis findet ein Energietransport von der Energiequelle zu einem Lämpchen statt.

Du siehst das am Leuchten des Lämpchens. Aus der chemischen bzw. elektrischen Energie der Energiequelle wird in ihm Licht- und Wärmeenergie. Deswegen nennt man ein Lämpchen allgemein einen „Energieumwandler", bzw. kurz „**Energiewandler**".

In einem Lämpchen wird elektrische Energie in Lichtenergie umgewandelt. Man kann jedoch in diesem Sinn sagen, dass in einem Lämpchen elektrische Energie „verbraucht" und daraus gleichviel Licht- und Wärmeenergie erzeugt wird.

(In diesem Sinn werden Lampen, Motoren, Waschmaschinen, … manchmal auch als „Verbraucher" bezeichnet. Dieser Sprachgebrauch wird hier nicht empfohlen.)

Entsprechend wird allgemein in Energiewandlern elektrische Energie in Energie einer anderen Form umgewandelt. Die Energiequelle liefert im geschlossenen Stromkreis Energie, wenn ein Energiewandler sie benötigt.

> Das ist die wesentlichste Aufgabe des Stromkreises: der Energietransport von der Energiequelle zu einem Energiewandler.

Viele technische Geräte sind ebenfalls Energiewandler: Heizlüfter, Elektromotoren in Waschmaschinen oder E-Bikes bzw. E-Mobilen, … .

Wie kannst du dir vorstellen, wie ein Strom Energie transportiert?

Das soll eine Analogie veranschaulichen:

Irlands Küste wurde im Mittelalter durch eine Kette von Wachttürmen gegen angreifende Wikinger oder Seeräuber geschützt. Bemerkte die Mannschaft des vordersten Wachtturms sich nähernde feindliche Boote, wurde mit einem Feuer ein Leuchtsignal oder ein Rauchsignal an den Nachbarturm gegeben; der machte das gleiche, und so wurde in kurzer Zeit eine Warnbotschaft in die Stadt oder das Kloster im Landesinneren geschickt, Stadttore konnten rechtzeitig geschlossen werden und Verteidiger sich positionieren. Die Wachttürme waren nötig zum Transport der Nachricht, aber sie hatten überhaupt nicht ihren Ort verändert. Sie dienten dazu, die Nachricht von Wachtturm zu Wachtturm weiter zu leiten. Sie dienten als Vehikel für den Nachrichtentransport; sie vermittelten die Übersendung der Nachricht.

Ähnlich dient der elektrische Strom bzw. die Strom transportierenden Ladungen dazu, einen Energietransport von der Energiequelle zum Energiewandler hin zu ermöglichen, sogar unabhängig von der Stromrichtung. Der Strom entspricht also den Wachttürmen und der Tätigkeit der Wachmannschaften. Der Energietransport entspricht der Ausbreitung des Nachrichtensignals. Die Weitergabe von Energie im elektrischen Stromkreis geht extrem schnell. Während sich Leitungselektronen nur mit typisch 1 mm/s bewegen, breitet sich die Energie mit quasi Lichtgeschwindigkeit (also mit c = 300 000 km/s) aus. Deshalb also leuchtet ein Lämpchen sofort nach Schließen des Stromkreises auf, weil die Energie mit quasi Lichtgeschwindigkeit zu ihm transportiert wurde.

2. Aufgabe des Stroms: Mit dem Strom werden elektrische Ladungen transportiert.

Woher weiß man das?

Versuch („gestückelter Stromkreis"): Ein Pol eines Hochspannungs-Netzgeräts ist mit einer Glimmlampe A verbunden. Deren zweiter Pol ist nicht angeschlossen. Es kann also kein Strom fließen.

Der zweite Pol des Netzgeräts ist, ganz entsprechend, mit einer zweiten Glimmlampe B verbunden. Es liegt kein geschlossener Stromkreis vor. Also kann auch kein Strom fließen. Nimm nun eine Metallkugel an einem isolierenden Griff und berühre die Glimmlampe A an ihrem freien Ende. Sie blitzt kurz auf. Trage nun die Metallkugel durch den Raum, wohin du willst. Berührst du dann die Glimmlampe B an ihrem freien Ende, so blitzt auch diese auf, wenn du darauf geachtet hast, die Kugel nicht unterwegs zu berühren.

Wie kannst du das erklären? Das Gas in der Glimmlampe leuchtet nur auf, wenn ein Strom durch die Glimmlampe fließt.

Hoffentlich stimmst du zu: An der Glimmlampe A flossen kurzzeitig Ladungen durch die Glimmlampe **zur** Metallkugel. Das Aufblitzen zeigt einen Strom an. Ebenso flossen an der Glimmlampe B kurzzeitig Ladungen **von** der Metallkugel zur Glimmlampe.

Bei diesem Versuch ist der Stromkreis zwar unterbrochen, aber bei jeder Berührung mit der Kugel wird er sozusagen „ein Stück weit" geschlossen. Insgesamt fließen nach und nach Ladungen von einem Pol des Netzgeräts zum anderen, wie bei einem geschlossenen Stromkreis. Das Aufblitzen der Glimmlampen hat den Ladungstransport angezeigt.

Die isolierte Metallkugel heißt auch Konduktor.

Versuch („Funke"): Noch überzeugender ist vielleicht der Ladungstransport, wenn zwischen dem geladenen Konduktor eines Bandgenerators und einer geerdeten Metallkugel (dem zweiten Pol) ein Funke überspringt. Dann wird die Luft dazwi-

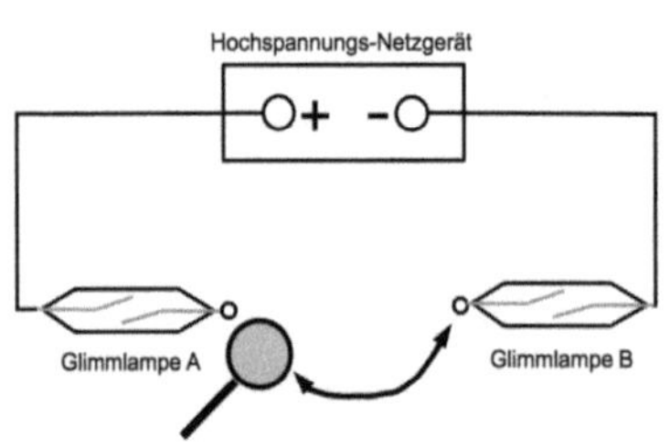

Abb. 13: Glimmlampenversuch zur Veranschaulichung des Ladungstransports („gestückelter Stromkreis")

schen kurzzeitig leitend, und es fließen Ladungen längs des Funkens, was sich durch die Leuchterscheinung des Funkens verrät.

Woher kommen die transportierten Ladungen im Leiter? Sie sind im Stromkreis schon immer vorhanden. Das Metall in den Leitungen stellt sie i.A. bereit. Aufgabe der Energiequelle ist es, sie durch den Stromkreis zu bewegen, immer unverändert im Kreis herum.

Es gibt ein einfaches Modell des metallischen Leiters: Im Mittel trägt jedes Atom etwa ein so genanntes Leitungselektron zum „**freien Elektronengas**" im Leiter bei. Dieses verhält sich ähnlich wie ein freies, nicht zusammendrückbares (nicht „komprimierbares") Gas von Atomen.

Seine Elektronen sind in schneller Bewegung und stoßen untereinander und mit den Atomrümpfen. Ihre schnelle Bewegung hat kaum Einfluss auf den Strom und wird meistens außer Acht gelassen; man spricht n u r von der sehr geringen **Driftgeschwindigkeit** (typisch 1 mm/s) der Elektronen in Richtung zum positiven Pol. Der Stromtransports erfolgt mit der Driftgeschwindigkeit.

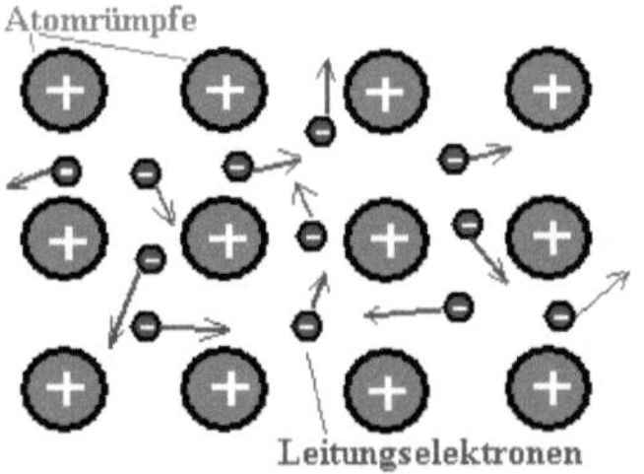

Abb. 14: Modell eines metallischen Leiters. Im Mittel gibt jedes Atom etwa ein Leitungselektron ab, das sich zwischen den Atomrümpfen weitgehend frei mit hoher Geschwindigkeit bewegt. Durch die Energiequelle erhalten die Leitungselektronen zusätzlich entgegengesetzt zur Stromrichtung eine kleine Driftgeschwindigkeit, mit der sie im Stromkreis „fließen".

Das Elektronengas hier hat nichts zu tun mit dem gleichnamigen „Elektronengas", das kürzlich in die Didaktik eingeführt wurde beim Versuch, „Oberflächenladungen" modellmäßig ins Spiel zu bringen.

Die Vorstellung von Überschuss oder Mangel von Ladungen an den Polen der Energiequelle im offenen (nicht geschlossenen) Stromkreis ist recht nützlich, wenn du die Stromrichtung in einem Stromkreis entscheiden möchtest.

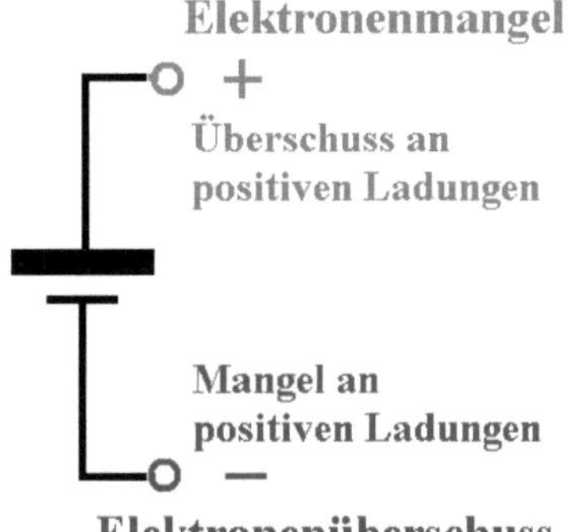

*Abb. 15: Pluspol und Minuspol einer Batterie im **nicht geschlossenen (offenen) Stromkreis**: Der Pluspol wird vereinbarungsgemäß rot gekennzeichnet, der Minuspol blau.*

Für diese Situation (kein Strom) gilt: Am Pluspol herrscht Elektronenmangel, am Minuspol Elektronenüberschuss. Kannst du dasselbe auch mit den positiven Ladungen ausdrücken? Wie? Ein Strom versucht Mangel und Überfluss auszugleichen.

Der Strom kann gesehen werden als Versuch, einen solchen Mangel bzw. Überschuss auszugleichen. Ob im geschlossenen Stromkreis an den Polen noch Überschuss oder Mangel von Ladungen vorhanden ist, spielt für den Strom keine Rolle. Solche Ladungen nehmen am Stromtransport nicht teil.

Du kannst dir jetzt erklären, weshalb die langsamen Leitungselektronen Energie kaum als kinetische Energie transportieren können. Tatsächlich wirken Elektronen durch ihre Bewegung nur **als Vermittler** für den Transport von Energie durch das elektromagnetische Feld in der Umgebung der Leiter.

3. Aufgabe des Stroms: Mit dem elektrischen Strom können Nachrichten übertragen werden. Das kennst du vom Festnetz-Telefon. Weil hier die elektrischen und magnetischen Felder die Hauptrolle spielen, die den Strom begleiten, geht das wie bei der Signalübermittlung bei den irischen Wachttürmen mit quasi Lichtgeschwindigkeit. Darüber wirst du später mehr erfahren.

I.5 Ein Strom ist das Fließen von Ladungen

Von Abb. 4 kennst du die Symbole für Lämpchen und Stromanzeiger.

Als Stromanzeiger verwendest du z.B. Lämpchen oder spezielle Messgeräte. Es gibt Zeiger- oder Digitalmessgeräte. Mit einem raffinierten Zangenamperemeter (für Gleichstrom) kann man den Strom im Leiter messen ohne den Stromkreis zu unterbrechen. Damit lässt sich nachweisen, dass der Strom aus der Energiequelle heraus, durch den Leiter, in die Energiequelle zurück und sogar **durch die Energiequelle hindurch** fließt, um dann wieder unverändert aus dem Pluspol heraus zu kommen, usw.

Was ist ein elektrischer Strom? Man nennt das **Fließen**, die Bewegung, von elektrischen Ladungen einen elektrischen Strom.

Das ist genauso, wie der Strom des Rheins das Fließen von Wasser kennzeichnet oder ein Strom von Autos das „Fließen", die Bewegung, von Autos. Ein Menschenstrom, der ein Stadion verlässt, beschreibt die Bewegung von Menschenmassen. Aber es geht dabei nicht um die Ladungen, ebensowenig wie um das Rheinwasser, die Autos oder die Menschen, sondern nur um ihre Bewegung. Ruhendes Wasser in einem Teich oder geparkte Autos stellen auch keinen Strom dar!

So stellen die fließenden Elektronen nicht den Strom dar, sondern nur ihre Bewegung, das Fließen.

Die manchmal zu lesende Behauptung „Strom ist/sind fließende Elektronen" ist schon sprachlich falsch. Dennoch sagt man: „Außerhalb der Energiequelle fließt ein Strom vom positiven zum negativen Pol."

Zusammenfassend kann man sagen:

> Elektrischer Strom kennzeichnet den Transport von Energie aus einer Energiequelle in den elektrischen Stromkreis, vermittelt durch im Stromkreis fließende elektrische Ladungen.

Beim Versuch mit den zwei Glimmlampen (Abb. 13) stellte die Bewegung der Ladungen auf dem Konduktor einen Strom dar. Vermutlich war das der einzige elektrische Strom in deinem Leben, den du buchstäblich sehen konntest!

Du weißt bereits: Der Strom fließt im unverzweigten Stromkreis überall gleich, d.h. unverbraucht und immer im Kreis herum.

Dagegen findet ein Energie"verbrauch" statt, in dem Sinn, dass elektrische Energie aus der Energiequelle im Energiewandler in gleichviel Energie einer anderen Form umgewandelt wird.

Elektrische Ladungen fließen immer im Kreis herum, ohne Verluste, so wie im **Wasserstrom-Modell** (Abb. 9) oder im **Heizungsstromkreis** (Abb. 10) das Wasser stets ohne Verluste im Stromkreis zirkuliert.

Beim Wasserstromkreis konntest du sehen, in welche Richtung das Wasser gepumpt wird; in den elektrischen Stromkreis kann aber niemand hineinschauen.

So haben vor ca. 200 Jahren Wissenschaftler willkürlich eine Stromrichtung vereinbart:

> Außerhalb der Energiequelle soll der Strom vom Pluspol zum Minuspol fließen.

(Dann muss er im Inneren der Energiequelle von Minus nach Plus weiter fließen.)

- Das ist die so genannte technische Stromrichtung, kurz die "**Stromrichtung**". Anders als manche Schulbücher behaupten, gibt es keine „physikalische Stromrichtung".
- Diese Richtungsdefinition ist willkürlich, aber nicht zu verbessern. Zwar sind Stromrichtung und Bewegungsrichtung von Elektronen im Stromkreis entgegengesetzt gerichtet, wenn der Strom durch Elektronen transportiert wird. Das stört manche Menschen. Aber es gibt andere Stromkreise, bei denen der Strom durch positive Ladungen transportiert wird, und andere, bei denen der Strom teilweise durch positive und teilweise durch negative Ladungen transportiert wird, oder sogar durch Ladungen beider Vorzeichen gleichzeitig.
- In seltenen Fällen, wo das sinnvoll ist, sprechen wir deshalb von der "**Bewegungsrichtung** der den Strom transportierenden Ladungen".
- Die folgenden Bilder veranschaulichen den Zusammenhang zwischen Stromrichtung (I) und Bewegungsrichtung der Ladungsträger. Vgl. auch Abb. 28.

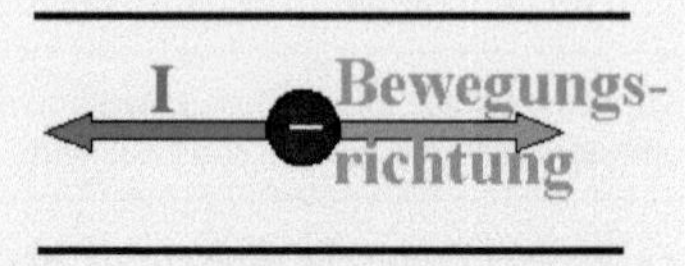

*Abb. 16: Zusammenhang zwischen Strom-richtung und Bewegungsrichtung einer **negativen** Ladung: **entgegengesetzt**.*

*Abb. 17: Zusammenhang zwischen Strom-richtung und Bewegungsrichtung einer **positiven** Ladung: **gleichgerichtet**.*

Unabhängig vom Vorzeichen der Ladung können bewegte negative oder positive Ladungen einen Strom I gleicher Richtung erzeugen. Sie bewegen sich dann entgegengesetzt bzw. gleichgerichtet zur Stromrichtung.

Dir ist jetzt sicher klar, dass ein elektrischer Strom **nicht gespeichert** werden kann, denn ein Strom ist ja das **Fließen** von elektrischen Ladungen. Was man leider immer noch vermisst, ist die Möglichkeit größere Mengen von **elektrischer Energie** zu speichern.

In kleinerem Maßstab ist das möglich, indem man elektrische Energie in chemische umwandelt (in Autobatterie oder in Wasserstoffgas) oder in Lageenergie (bei einem Speichersee). Lässt man aus einem hochliegenden Speichersee das vorher hochgepumpte Wasser wieder ab, kann man aus der gespeicherten Lageenergie in Generatoren wieder elektrische Energie erzeugen.

I.6 Die Stromstärke I

I.6.1 Wie wird die Stromstärke I definiert?

Du möchtest messen, wie „stark" ein Strom ist? Dafür musste man ein Maß vereinbaren, „definieren". Die Stromstärke I wird in Analogie zu einem Autostrom definiert. Dort fließen Autos an einer Messstelle vorbei: Die (Auto-)Stromstärke wird als Anzahl der Autos festgesetzt, die in einer Stunde an der Messstelle vorbeifahren. Klar: Je mehr Autos pro Stunde vorbeifließen, desto „stärker" ist der Autostrom.

Ähnlich könnten wir im elektrischen Stromkreis die Anzahl der Ladungen, die pro Zeiteinheit an einer Messstelle im Stromkreis vorbeifließen, als Maß für die Stromstärke nehmen. Es ist gleichgültig, an welcher Stelle des Stromkreises diese Messstelle liegt. Die Ladungen fließen ja immer im Kreis herum.

Die Einheit der Stromstärke I soll 1 A   („ein Ampere") sein, benannt nach dem frz. Physiker André-Marie Ampère.

Vorläufige Definition: Die Stromstärke soll 1 A heißen, wenn in 1 s eine bestimmte Zahl von Elektronen eine Messstelle im Stromkreis passieren; genauer: $6{,}25 \cdot 10^{18}$ Elektronen pro Sekunde.

Es wird eine gewaltige Zahl von Elektronen benötigt, um die Ladung 1A·s in 1 s zu transportieren!

Weil man Elektronen in großer Zahl schlecht zählen kann, hat man lieber vereinbart:

> Wenn in der Zeit t an einer Messstelle vorbei durch den Leiter die Ladungsmenge Q fließt, soll die Stromstärke I die Ladungsmenge Q pro Zeiteinheit sein: $I = Q/t$.

Also gilt für Q = 1 C = 1 A·s und t = 1 s: I = 1 A·s/s = 1 A

Du kannst es nachrechnen: die beiden Definitionen laufen auf das Gleiche hinaus: In der Ladungsmenge Q sollen N Elementarladungen (vgl. S. 19) beteiligt sein. Dann gilt:

$$1 \text{A·s} = N \cdot (1{,}6 \cdot 10^{-19} \text{ A·s}) \Rightarrow N = 0{,}625 \cdot 10^{19} = 6{,}25 \cdot 10^{18}$$

Abb. 18: Maßgröße Stromstärke I   *Abb. 19: Maßgröße Ladung Q*

Die Stromstärke I kannst du messen, nicht aber „die Ampere" (wie Unwissende manchmal sagen). Ampere ist nur die Benennung der Stromstärke I, 1 A ihre Einheit.

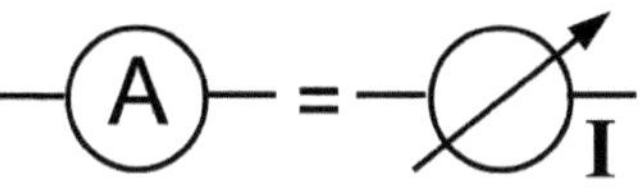

Abb. 20: Schaltzeichen eines Strommessers (Amperemeter). Statt der in der Technik üblichen Variante links wird hier die Variante rechts bevorzugt. Das große A weist auf den Namen „Amperemeter" hin.

In einem Schaltplan erkennst du das Symbol für einen Strommesser am großen **A** für Amperemeter. In vielen Fällen symbolisiert man ein Amperemeter auch mit einem Zeigerinstrument und schreibt I daran, damit jeder weiß: hier wird die Stromstärke I gemessen (Abb. 20).

Die Stromstärke hängt vom gesamten Stromkreis ab. Sie ist eine Eigenschaft des gesamten Stromkreises (einschließlich der Energiequelle). Eine Energiequelle „hat" keine Stromstärke.

Aufgabe:

Bei zwei fast unmessbar kleinen Strömen werden 1 Mrd. Elektronen in 2 s (Strom 1) und 10 Mrd. Elektronen in 6 s (Strom 2) transportiert. Zu welchem der beiden Ströme gehört die größere Stromstärke?

Wenn ein Strom fließt, bewegen sich in der Regel alle Leitungselektronen in Richtung zum positiven Pol, aber mit sehr geringer Geschwindigkeit („Driftgeschwindigkeit", typisch 1 mm/s). Wenn der Strom nur wenige Sekunden eingeschaltet ist, haben sie gar nicht genügend Zeit, um vom Minuspol zum Pluspol zu gelangen, während andere, die zum Pluspol gelangen, gar keine Zeit hatten, um vom Minuspol abzufließen. Der Witz ist, dass sich alle Leitungselektronen im gesamten Leiter in gleicher Weise mit dieser geringen Driftgeschwindigkeit bewegen. Außer am Übergang zwischen Leitern verschiedenen Materials gibt es nirgendwo Staus, Verdichtungen oder Verdünnungen des Elektronengases.

Für den unverzweigten Stromkreis macht man die Verhältnisse manchmal mit dem **Modell des starren Elektronenrings** oder der **Fahrradkette** plausibel. Danach bewegt sich das Elektronengas als Ganzes durch den Stromkreis wie ein starrer Ring, der im Leiter rotiert, angetrieben durch die Energiequelle, ähnlich wie auch die Glieder einer Fahrradkette beim Treten in konstanten Abständen über die Zahnräder gleiten.

So transportieren Elektronen die elektrische Ladung und *vermitteln* damit den Transport der Energie.

Aufgabe: Schätze ab (das bedeutet, berechne nur ungefähr), wie lange es dauern würde, bis ein Elektron mit der Driftgeschwindigkeit 1 mm/s von der Steckdose zur 5 m entfernten Lampe in einem Gleichstromkreis kommt. (Du rechnest zwar in Sekunden, solltest aber ca. 1 h heraus bekommen.) Beobachtest du das tatsächlich? Kann ein solches Elektron selbst also ausreichend Energie zur Lampe bringen? Deute das Ergebnis!

Bei technischem Wechselstrom sind in Europa beide Pole in einer Sekunde abwechselnd 50 mal Pluspol und 50 mal Minuspol. Für jede der beiden Bewegungsrichtungen haben die Leitungselektronen also nur 1/100 s Zeit. Dann kehren sie um und erreichen nach 1/100 s wieder die Ausgangsposition. Die meisten Elektronen werden also nie einen der Pole erreichen. Dennoch vermitteln sie den Energietransport (nämlich mithilfe von elektrischen und magnetischen Feldern, die sich mit Lichtgeschwindigkeit ausbreiten).

Aufgabe: Schätze ab, wie weit ein Elektron bei Wechselstrom aus der Steckdose während 1/100 s kommt: 1 mm/s · 1/100 s = 0,01 mm = 10^{-5} m ≈ 10 000 Atomdurchmesser. Du weißt, dass es sich in der nächsten 1/100 s um die gleiche Strecke zurück bewegt.

Es sind nicht die Elektronen selbst, die Energie aus der Energiequelle in einen „Verbraucher" (Energiewandler) transportieren.

Sie *vermitteln* jedoch den Transport der Energie aus der Energiequelle in den Energiewandler mit Hilfe von elektrischen und magnetischen Feldern, die sie begleiten, und zwar unabhängig von ihrer Bewegungsrichtung (Abb. 22, 23).

Während der Einschaltdauer werden die meisten Elektronen niemals den positiven oder negativen Pol erreichen! Doch alle Leitungselektronen zusammen vermitteln den Transport von Energie und transportieren Strom.

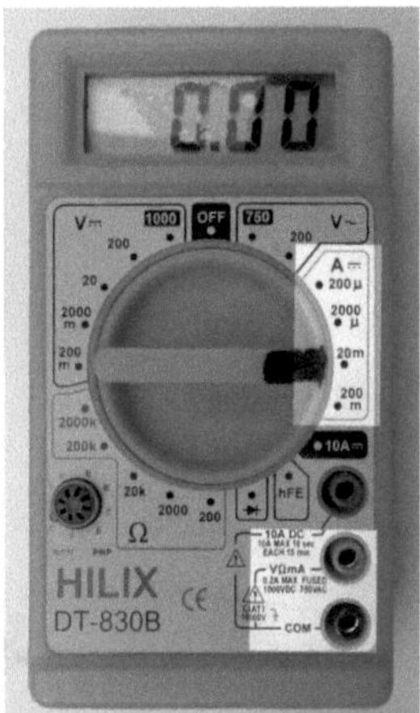

Abb. 21: Strommessung bei einem Multimeter mit unterschiedlichen Messbereichen; Wahl mit Schalter

Es wird manchmal gefragt, wie es denn möglich ist, dass durch einen **Wechselstrom** Energie aus dem E-Werk in den Haushalt transportiert wird, obwohl keines der Leitungselektronen, das durch die Wohnungsbeleuchtung fließt, jemals in die Nähe des E-Werks kommt. Grund ist eben, dass die Elektronen den Energietransport nur *vermitteln*. Der Transport selbst erfolgt durch elektrische und magnetische Felder in der Umgebung der Leitungen. Das wirst du später genauer verstehen.

Wir betrachten hier nur stationäre Ströme, die sich in einer sehr kurzen Zeit nach dem Einschalten (typisch 10^{-8} s) eingestellt haben.

Von einer Stromstärke zu sprechen hat nur dann einen Sinn, wenn ein Strom fließt und nur dort, wo er fließt, also immer im Kreis herum. Es ist klar, dass man den Strom **im Leiter** messen möchte, also den Strom, der **durch den Leiter** fließt. Deshalb musst du den Leiter auftrennen und den Strommesser dort einbauen. Der zu messende Strom fließt dann auch durch den Strommesser (das Amperemeter). Er sollte den Strom möglichst wenig beeinflussen. Es gibt Zeiger- und Digitalmessgeräte (Abb. 21).

Mit einem raffinierten (Gleichstrom-)Zangenamperemeter kann man ausnahmsweise den Strom im Leiter messen ohne den Stromkreis zu unterbrechen. Damit kann man sogar nachweisen, dass der Strom auch **durch die Energiequelle** fließt, also aus der Energiequelle heraus, durch den Leiter, in die Energiequelle zurück und durch die Energiequelle wieder hindurch, um dann wieder unverändert aus dem Pluspol heraus zu kommen.

Begriff Strom	**Maßgröße Stromstärke I**
Elektrischer Strom: das **Fließen** von Ladungen in einem geschlossenen Stromkreis	**Einheit:** 1 A Maß für die Anzahl der Ladungen, die in 1 s durch den Leiterquerschnitt an einer Messstelle vorbei fließen. Maß für die Ladung, die in 1 s durch den Leiterquerschnitt an einer Messstelle vorbei fließt.

Es gibt weitere Einheiten: z.B. 1 mA = 0,001 A, 1 kA = 1000 A, 1 µA = 0,000001 A = 0,001 mA. In technischen Geräten fließen Ströme dieser Größenordnungen.

I.6.2 Energie- und Ladungstransport

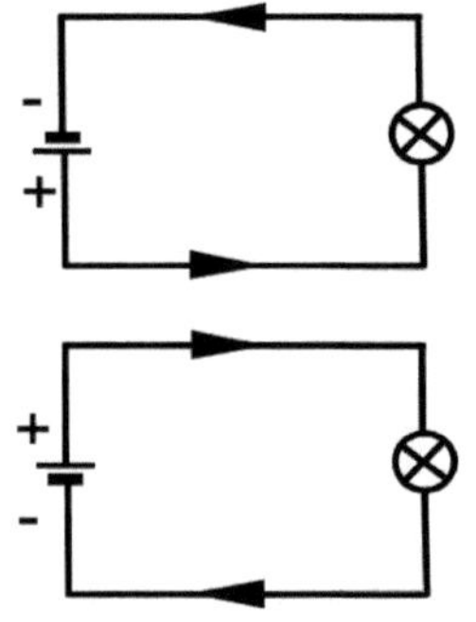

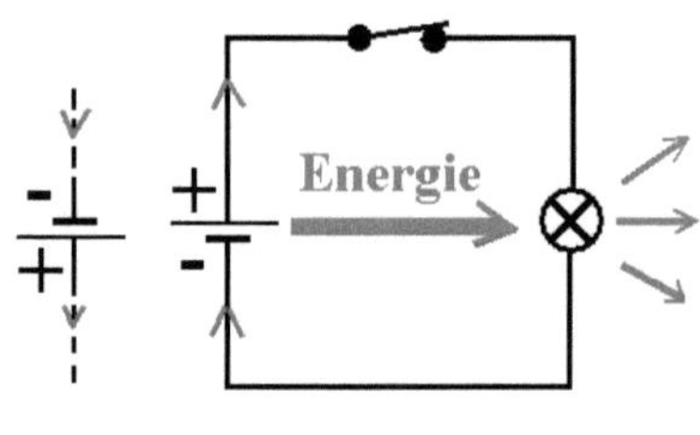

Abb. 22: Energiestrom von der Energiequelle zum Lämpchen ist unabhängig von der Polarität, z.B. auch bei Wechselstrom. Das Lämpchen ist ein Energiewandler, der elektrische Energie in Lichtenergie umwandelt.

Abb. 23: Richtung des Stroms bei unterschiedlicher Polung der Energiequelle

Aufgabe: Entscheide über die Energieaufnahme von in Reihe oder parallel geschalteten gleichen Lämpchen (Abb. 24).

Parallelschaltung, in Abb. 24 links: Beide Lämpchen liegen in unabhängigen „Zweigen" der Schaltung. Mehrfache, aber unabhängige "Energieabgabe an Lämpchen", so als wäre jedes Lämpchen für sich allein in der Schaltung.

Reihenschaltung, in Abb. 24 rechts: Der Strom fließt durch alle Lämpchen. Die Energie von der Energiequelle teilt sich auf: bei gleichen Lämpchen gleichmäßig, weil beide „gleichberechtigt" sind.

Zur Aufgabe: Ein Lämpchen im Stromkreis soll leuchten wie in Bild a). Je mehr "Strahlen" angedeutet sind, desto heller soll das Lämpchen leuchten, und umso mehr Energie muss es aufnehmen. Welche der Bilder b) - g) geben die Wirklichkeit wieder, wenn lauter gleiche Lämpchen verwendet werden? Begründung?

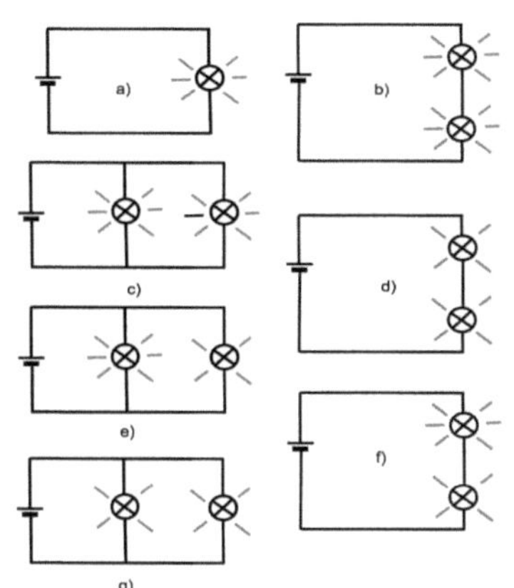

Abb. 24: Das Leuchten eines Lämpchens im Stromkreis ist in Bild a) symbolisiert. Je mehr "Lichtstrahlen" angedeutet sind, desto heller soll das Lämpchen leuchten, und umso mehr Energie muss es aufnehmen.

Dir ist jetzt klar:

Gleiche Lämpchen müssen in der Parallelschaltung gleich leuchten, so als wäre jedes allein mit der Energiequelle verbunden.

Gleiche Lämpchen müssen in der Reihenschaltung gleich leuchten, weil durch sie der gleiche Strom fließt. Aber jedes leuchtet schwächer, als wenn eines allein vorhanden wäre, weil auf jedes Lämpchen nur die halbe Energiezufuhr entfällt.

Beachte: Wir betrachten hier nur *stationäre* Ströme, die sich in einer sehr kurzen Zeit nach dem Einschalten (typisch 10^{-8} s) eingestellt haben.

I.6.3 Vermeide unbedingt einen Kurzschluss!

Bei Kurzschluss werden zwei Pole der Energiequelle durch einen Leiter direkt verbunden, „kurzgeschlossen", in Abb. 25 z.B. durch einen Leiter zwischen A und B, der das Lämpchen „überbrückt". Der von der Energiequelle kommende Strom fließt jetzt direkt von A nach B über die Leiterbrücke. Durch das Lämpchen fließt dann kein Strom.

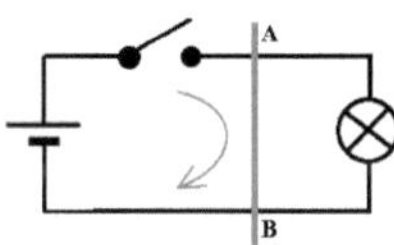

Abb. 25: Zwischen den Punkten A und B wird mit einem Draht ein Kurzschluss hergestellt. Erkennst du die Parallelschaltung von Lämpchen und Leiterbrücke AB? Warum fließt auch bei geschlossenem Schalter kein Strom durch das Lämpchen? Argumentiere mit der Unabhängigkeit der beiden Zweige (mit AB bzw. dem Lämpchen). Welcher Zweig würde „mehr Strom ziehen"? Dem Lämpchen würde im übertragenen Sinn „das Wasser abgegraben" werden?

Das solltest du auf jeden Fall vermeiden! Es würde nämlich ein riesiger Strom fließen. Die Energie der Energiequelle würde schlagartig an eine riesige Ladungsmenge abgegeben werden. Die Energiequelle oder die Leitungen würden sich gewaltig erhitzen. Es bestünde Brand- oder sogar Explosionsgefahr. Danach wäre die Energiequelle erschöpft.

(Die Gefahren wirst du später damit erklären, dass eine Strombegrenzung durch den Widerstand des Lämpchens fehlt.)

I.6.4 Wie lange fließt ein Strom im geschlossenen Stromkreis immer im Kreis herum?

Bis die Energie der Energiequelle erschöpft ist, und das kann schon bei einer kleinen Monozelle Tage oder Monate dauern (Experiment mit weitgehend verbrauchter Batterie), je nach der Energieabgabe an den Energiewandler. Die chemische bzw. elektrische Energie einer Batterie kann "verbraucht" werden, insofern sie außerhalb von ihr in gleichviel Energie einer anderen Form umgewandelt wird. Aber der Strom, den sie im Stromkreis erzeugt, kann nicht verbraucht werden. Er fließt immer im Kreis herum, solange die Energiequelle nicht erschöpft ist. Er wird von der Energiequelle geliefert und unverändert wieder abgeholt.

> Strom fließt im unverzweigten Stromkreis immer mit unveränderter Stromstärke im Kreis herum, solange der Stromkreis geschlossen ist und die Energie der Energiequelle ausreicht.
>
> Strom ist **wertlos, aber nicht nutzlos**. Dagegen ist Energie aus der Energiequelle (bzw. vom E-Werk) ein wichtiges und teueres Gut, für das i.A. gezahlt werden muss!

Bei einer Batterie enthält der Kaufpreis bereits den Preis für die in ihr gespeicherte Energie.

I.6.5 Eine Frage des Verständnisses

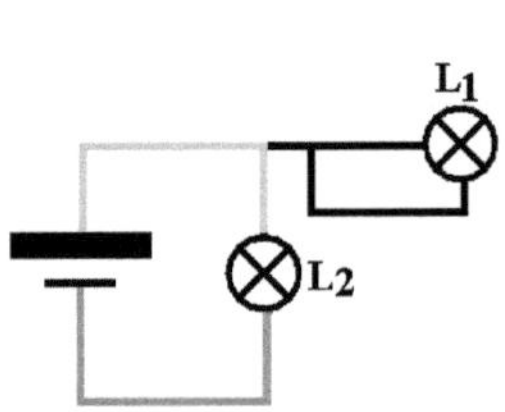

Abb. 27: Diese Schaltung enthält einen Fehler. Warum kann Lämpchen L_1 nicht leuchten, obwohl ein Leiterkreis vorhanden ist? Argumentiere mit Hin- und Rückleitung oder mit der im Leiterkreis von L_1 fehlenden Energiequelle.

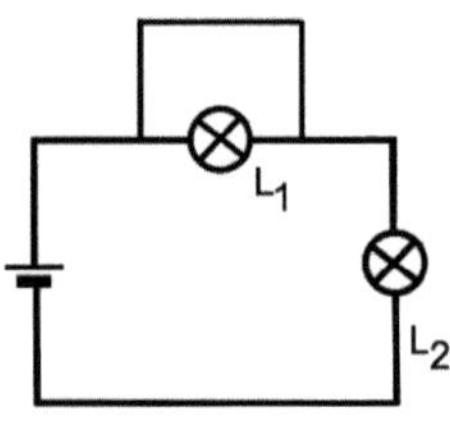

Abb. 26: Warum kann Lämpchen L_1 nicht leuchten, obwohl ein geschlossener Leiterkreis vorhanden ist?

Begründe für beide Situationen (Abb. 26 und 27), weshalb L_1 nicht leuchtet, obwohl L_1 Teil eines geschlossenen Leiterkreises ist.

Du könntest unterschiedlich argumentieren: mit Hin- und Rückleitung zur Energiequelle, mit der Leitung des Strom auf dem Umweg um das Lämpchen herum, oder – später - mit der fehlenden Spannung zwischen den Anschlüssen der Lampe.

I.6.6 Was treibt den Strom an?

Wie du aus dem Vergleich mit dem Wasserstromkreis (Abb. 9) oder dem Heizungs-stromkreis (Abb. 10) weißt, leistet das eine "Pumpe", die im elektrischen Stromkreis allgemein **Energiequelle** heißt.

I.6.7 Zugleich positive und negative Ladungsträger im Stromkreis

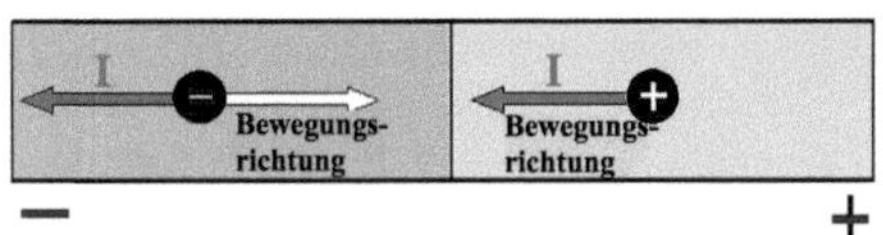

Abb. 28: In einer LED (Leuchtdiode) wird bei richtiger Polung abschnittsweise der Strom durch positive oder negative Ladungen transportiert.

Die Stromrichtung ist immer die gleiche, nämlich vom Pluspol zum Minuspol (außerhalb der Energiequelle). Positive und negative Ladungen bewegen sich ständig aufeinander zu und neutralisieren sich an der Grenzflä-che beider Zonen.

Hätte man die Stromrichtung umgekehrt definiert, hätte man nichts gewonnen. In jedem der Fälle wird für eine Ladungssorte die Stromrichtung immer entgegengesetzt zur Bewegungsrichtung sein.

Wenn der Strom durch Leitungs-elektronen im unverzweigten Strom-kreis transportiert wird, bewegen sich diese im ganzen Stromkreis ent-sprechend den Modellen des starren "Elektronenrings" bzw. der Fahrrad-kette gemeinsam mit (im Mittel) konstanten Abständen: Es gibt in diesem Fall keine Verdichtungen und Verdünnungen des Elektronen-gases.

Wie soll man sich das aber vorstel-len, wenn in einem Stromkreis der Strom abschnittsweise durch positi-ve bzw. negative Ladungen trans-portiert wird, wie etwa in einer LED?

Das Modell des starren Elektronen-rings versagt hier. Es bleibt aber richtig, dass die Ladungen sich ab-schnittsweise ohne Verdichtungen und Verdünnungen bewegen, außer in einer schmalen Zone um die Stellen, an denen die unterschiedlich leitenden Materialien aufeinander treffen. Was dort geschieht, erläutert Abb. 28 grob.

I.7 Spannung U einer Energiequelle

Abb. 29: Beispiele von Energiequellen: 9 V-Block und Monozelle (1,5 V) mit aufgedruckter Spannung

Die Spannung U ist eine Eigenschaft einer elektrischen Energiequelle; die hat sie sogar, wenn gar kein Stromkreis vorhanden ist oder kein Strom fließt.

(Das bezieht sich eigentlich auf die „Quellenspannung", nicht auf die „Klemmenspannung").

Deswegen ist auf vielen Energiequellen die Spannung aufgedruckt, z.B. 9 V. Die Energiequelle hat die Aufgabe, Energie und Ladungen durch den Stromkreis zu pumpen. Die Spannung U einer Energiequelle gibt also an, wie stark die Energiequelle ist, um Energie bzw. Strom in bzw. durch den Stromkreis zu pumpen.

> Die Spannung U der Energiequelle ist sozusagen ihre „**Pumpenstärke**".

Das ist kein offizieller Begriff, aber ganz treffend für diese Eigenschaft der Energiequelle.

Du kennst bereits das Maß für die Stromstärke I: 1 A. Es fehlt aber bisher ein Maß für die Energie, die transportiert wird. Die hängt aber vom ganzen Stromkreis ab.

Von der Energiequelle allein hängt ab, wieviel Energie E sie durch Vermittlung einer bestimmten Ladung Q in den Stromkreis pumpen *kann*, ganz gleich, ob sie das auch tut oder nicht.

Also wird vereinbart:

Spannung U einer Energiequelle soll ein Maß für die Energie sein, die durch Vermittlung eines Elektrons in den Stromkreis bzw. einen Widerstand transportiert werden *kann*.

$$U = 5\ V$$

Symbol — Maßzahl — Benennung (Einheit)

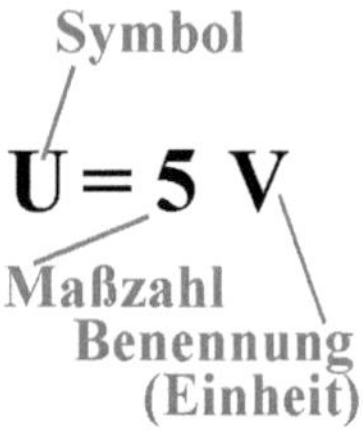

Abb. 30: Maßgröße Spannung U

(genau genommen ist das die Klemmenspannung, die messbar ist, wenn ein Strom fließt)

Präziser:

> ***Spannung der Energiequelle*** soll die **Energie pro Ladungsmenge** ($U = E/Q$) sein, die durch Vermittlung der Ladung Q in den Stromkreis transportiert werden *kann*.

Es ist klar: Wenn U so ist, dass die Energiequelle durch Vermittlung eines Elektron die Energie E in den bestimmten Widerstand transportiert, dann transportiert sie mit 1000 Elektronen die 1000-fache Energie, also ist der Quotient U = E/Q unabhängig von der Ladung. Das motiviert dafür, den Quotienten E/Q als Maß für die Spannung U der Energiequelle zu vereinbaren, so gut wie unabhängig vom sonstigen Stromkreis.

Begriff Spannung	Maßgröße für Spannung U
Spannung der Energiequelle ist die **Energie pro Ladungsmenge** (U = E/Q), die durch Vermittlung der Ladung Q in den Stromkreis transportiert werden *kann*.	**Einheit** 1 V 1 V ist die Spannung der Energiequelle, die durch Vermittlung eines Elektrons die Energie $1{,}6 \cdot 10^{-19}$ J in den Stromkreis transportieren *kann*.

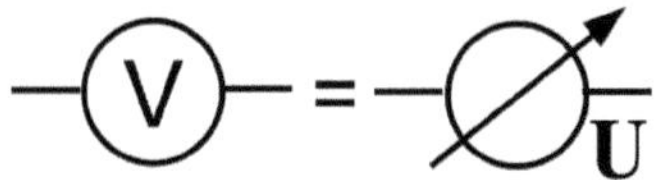

Es gilt dann mit U = = E/Q:

$$1\,V = 1{,}6 \cdot 10^{-19}\,J / 1{,}6 \cdot 10^{-19}\,A \cdot s = 1\,J/A \cdot s$$

Abb. 11: Schaltzeichen eines Spannungs-messers (Voltmeter). Das große V weist auf den Namen „Voltmeter" hin. Statt der in der Technik üblichen Variante links wird hier die Variante rechts bevorzugt.

Die Spannung U kannst du messen, nicht aber „die Volt", wie Unwissende manchmal sagen. Volt ist nur die Benennung der Spannung U, 1 V nur ihre Einheit.

Wie kannst du die Spannung messen?

Immer zwischen zwei Punkten A und B, z.B. den Polen der Energiequelle (vgl. Abb. 36). Punkt A verbindest du mit dem schwarzen Anschluss des Voltmeters, Punkt B mit dem roten.

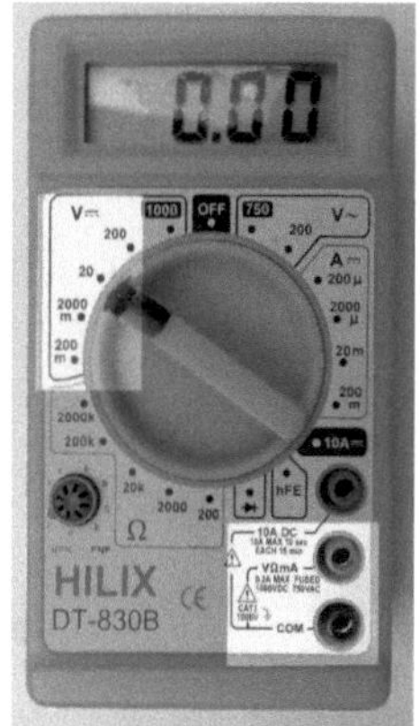

Abb. 32: Spannungsmessung bei einem Multimeter mit unterschiedlichen Messbereichen; Wahl mit Drehschalter (siehe S. 39)

Du findest leicht die Energie, die durch Vermittlung eines Leitungselektrons bei einer Spannung von 1 V in den Stromkreis transportiert werden kann: E = U·Q = 1 V·$1{,}6 \cdot 10^{-19}$ V·A·s = $1{,}6 \cdot 10^{-19}$ J. Das ist extrem wenig, aber der Leiter enthält ja auch extrem viele Elektronen.

Durch die Angabe U = 1 V weißt du also (im Prinzip), wieviel Energie die Energiequelle durch Vermittlung eines Elektrons in den Stromkreis transportieren kann.

In der Technik ist es üblich, eine elektrische Energiequelle auch eine „**Spannungsquelle**" zu nennen. Sie heißt dort nicht Stromquelle, weil sie im offenen Stromkreis keinen Strom liefert, immer aber eine Spannung. Spannung ist ja eine Eigenschaft der Energiequelle. In der Umgangssprache spricht man manchmal von einer „Stromquelle". Das wollen wir hier vermeiden.

Beispiele von Parallel- und Reihenschaltungen von Widerständen hattest du dir schon früher überlegt (vgl. Abb. 24). Wir wollen sie jetzt etwas anders sehen:

Reihenschaltung zweier gleicher Widerstände (Energiewandler): Die Energie muss sich aufteilen; und zwar gleichmäßig, weil durch beide Zweige der gleiche (gegenüber dem Kreis mit nur einem Widerstand verringerte) Strom fließt.

Bei einer **Reihenschaltung** fließt durch alle Widerstände die gleiche Ladung bzw. **der gleiche Strom**. Ladung bzw. Strom bestimmen zusammen mit der Spannung der Energiequelle die gesamte von den Widerständen aufgenommene Energie. Diese muss sich auf die einzelnen Widerstände aufteilen, entsprechend auch die Spannung als Energie pro Ladungsmenge.

(Später wird das anders formuliert: Maßgeblich für die Energieaufnahme sind außer der gleichen Ladung die jeweiligen Spannungsabfälle. Die Spannung teilt sich auf in einzelne Spannungsabfälle.) Noch später wirst du das mit zwei Regeln einfacher erklären (siehe S. 42).

Gleiche Lämpchen müssen in der Reihenschaltung gleich leuchten, aber jedes schwächer, als wenn eines allein vorhanden wäre, weil auf jedes Lämpchen nur die halbe Energiezufuhr entfällt.

Parallelschaltung zweier gleicher Widerstände (Energiewandler):

Alle Widerstände sind in gleicher Weise mit der Energiequelle verbunden. Jeder verhält sich unabhängig, so, als wäre der andere nicht vorhanden. Für jeden Widerstand steht die maximale Energie pro Elektron zur Verfügung, die die Energiequelle liefern kann: An beiden Widerständen liegt **die gleiche Spannung.**

Gleiche Lämpchen müssen in der Parallelschaltung gleich leuchten und zwar relativ hell, so als wäre jedes allein mit der Energiequelle verbunden.

Sonderfall Induktion

In einer unverzweigten Induktionsschleife fließt überall der gleiche Strom, wenn sich das eingeschlossene Magnetfeld ändert. Es gibt keinen Plus- und keinen Minus-Pol. Die Energiequelle ist sozusagen über die ganze Schleife verteilt. U soll jetzt die Energie pro Ladung sein für einen *vollen* Umlauf von einem beliebigen Punkt A bis zu diesem zurück auf dem Weg der Schleife. Diese Spannung nennt man Induktionsspannung oder **Ringspannung** U_{AA} ($\neq 0$!). U_{AA} hängt vom Weg von A nach A ab, also z.B. von Lage und Größe der Induktionsschleife.

(Bei einem reinen, von Ladungen erzeugten Potenzialfeld wäre die Ringspannung 0.)

Was bedeutet die Angabe 6V auf einem Lämpchen oder 230 V auf einer Haushaltslampe? Eine Lampe hat doch keine Spannung!?

Die Angabe 6 V bzw. 230 V auf einer Lampe, allgemein einem Energiewandler, ist die so genannte **Betriebsspannung**.

Wenn die Energiequelle diese Spannung hat, leuchtet das Lämpchen optimal, d.h. hell, aber doch so, dass es nicht vorzeitig durchbrennt. Bei etwas größerer Spannung der Energiequelle würde es noch heller leuchten, aber schnell durchbrennen. Bei etwas geringerer Spannung würde es nur schwach glimmen.

I.8 „Spannung macht Strom" - Ohm'sches Gesetz

I.8.1 Die Rolle eines Widerstands im elektrischen Stromkreis

Stell' dir vor, du sollst mit einem Gartenschlauch den Rasen wässern. Das geht anfangs ganz gut, aber dann auf einmal wird der Wasserstrahl schwächer und schließlich versiegt er fast ganz. Du ahnst natürlich sofort, was deine Geschwister angestellt haben: Erst hat sich dein kleiner Bruder auf den Gartenschlauch gestellt und dann auch noch deine Schwester. Sie haben den Gartenschlauch zusammengedrückt. Dadurch konnte der Wasserdruck in der Leitung das Wasser nicht mehr so leicht durch den Gartenschlauch pumpen. Deine auf dem Gartenschlauch stehenden Geschwister haben den "Widerstand" vergrößert, indem sie den Gartenschlauch zusammengedrückt haben, also seinen Querschnitt verkleinert haben, erst ein bißchen, dann sehr stark. Je deutlicher die Engstelle, desto größer ist der "Widerstand", auch, wenn mehrere Engstellen hintereinander vom Wasserstrom durchflossen werden müssen.

(Diese Analogie stammt meines Wissens von Wagenschein.)

Ähnlich ist es auch bei einem elektrischen Stromkreis. Als "Engstellen" wirken dort eingebaute Stücke aus sehr dünnem Draht, oder bestimmte Leitermaterialien, die schlechter leiten, oder bestimmte Bauteile, die auch Widerstände heißen.

Ein Widerstand im Stromkreis hat also eine doppelte Funktion: erstens - wie jeder Leiter - einen Strom hindurch zu lassen, und zweitens den Strom zu begrenzen.

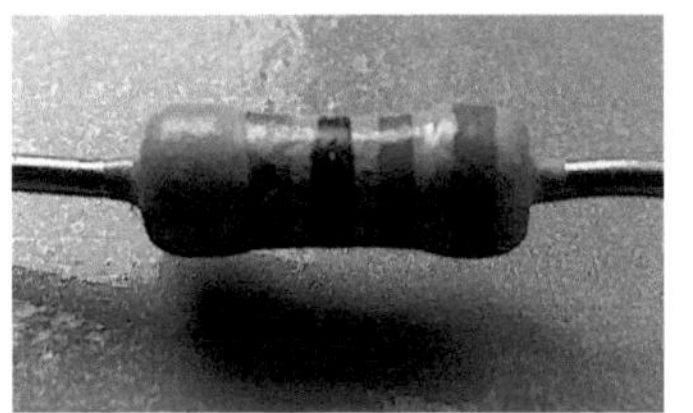

Abb. 33: Ein Bauteil mit dem Namen Widerstand

Genauso war es bei einem Stück zusammengedrückten Gartenschlauchs.

Wenn gesagt wird, ein Widerstand (das Bauteil mit diesem Namen) im unverzweigten Stromkreis begrenze den Strom, dann heißt das, dass der Strom, der überall im Stromkreis "in gleicher Stärke" fließt, geringer ist als der überall "in gleicher Stärke" fließende Strom bei weniger Begrenzung, also in einer anderen Situation.

> Ein Widerstand ist ein Bauteil in einer elektronischen Schaltung, das
> 1. einen Strom durchlässt, 2. ihn aber auch begrenzt.

Abb. 34: Symbol des Bauteils Widerstand in einer Schaltskizze

Das könnte gelegentlich nicht nur ein spezielles Bauteil entsprechend Abb. 33 mit diesem Namen sein, sondern verallgemeinernd auch ein Lämpchen oder eine Leuchtdiode (LED) oder ein Elektromotor, allgemein, ein **Energiewandler**. In einer Schaltskizze ahmt das Widerstandssymbol die äußere Form des Bauteils nach: ein rechteckiger Kasten mit zwei Anschlüssen (Abb. 34).

I.8.2 Der elektrische Widerstand als Maßgröße

Versuch: Miss von verschiedenen Bauteilen (Lämpchen, Si-Diode, Widerstand) die so genannte **I-U-Kennlinie** aus, also die Abhängigkeit der notwendigen Spannung U für eine bestimmte Stromstärke I.

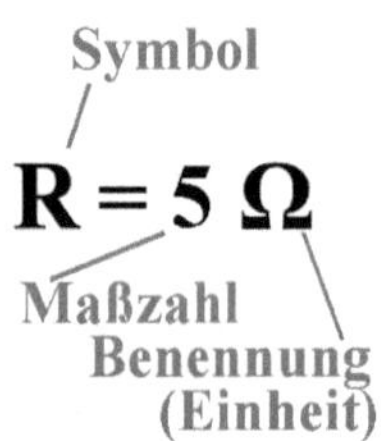

Abb. 35: Maßgröße Widerstand R

Die Kennlinien sehen ganz unterschiedlich aus. Vielleicht lernst du im Unterricht auch kennen, warum sie so verschieden aussehen.

Eine Kennlinie fällt besonders auf: die **Kennlinie eines Widerstands** (des Bauteils). Sie ist eine Ursprungsgerade, d.h. U und I sind zueinander proportional. Das heißt auch, dass zur doppelten, dreifachen, … Stromstärke I, auch die doppelte, dreifache, … Spannung U notwendig ist. Alle Quotienten U/I sind gleich. Das ist wirklich etwas Besonderes! Deswegen hat man für sie einen Namen eingeführt: Widerstandswert R, oder kurz **Widerstand R** (das ist jetzt die Maßgröße).

Beispiel: I = 0,1 A; U = 12 V => R = U/I = 12 V/0,1 A = 120 V/A; und für V/A hat man als Abkürzung zu Ehren des Entdeckers dieses Ohm'schen Gesetzes den Namen Ω („Ohm") eingeführt, also R = 120 Ω.

Du musst jetzt aufpassen: „Widerstand" hat mehrere Bedeutungen, hier z.B. das Bauteil und seinen Widerstandswert R und außerdem den 'Widerstand', den dieses Bauteil dem Strom entgegensetzt und so die Stromstärke begrenzt.

Begriff Widerstand	Maßgröße Widerstand R
1. Bauteil, das einen Strom durchlässt und ihn begrenzt 2. Maßgröße dieses Bauteils 3. allgemein: Reaktion gegen eine Handlung	**Einheit** $1\,\Omega$ $1\,\Omega$ ist der Widerstand (-swert), bei dem eine Stromstärke von 1 A eine Spannung von 1 V erfordert (oder an dem beim Strom von 1 A ein Spannungsabfall von 1 V entsteht): $$R = U/I$$ also $1\,\Omega = 1\,V/1\,A$

Es gibt größere Einheiten: $1\,k\Omega = 1\ 000\,\Omega$ („kiloohm"), $1\,M\Omega = 1\ 000\ 000\,\Omega$ („Megohm"). Widerstände in elektronischen Schaltungen haben durchaus diese Größenordnung.

I.8.3 Ist also ein Widerstand schädlich, weil er einen eventuell nur kleinen Strom durchlässt?

Stell' dir vor, was wäre, wenn **kein Widerstand** im Stromkreis den Strom begrenzen würde. Ohne Begrenzung würde ein riesiger Strom fließen, der die Leitungen und die Energiequelle stark erhitzen würde, sie vielleicht zum Schmelzen oder zur Explosion bringen könnte. Es könnten sogar Brände entstehen! Das könnte z.B. passieren, wenn (bei geschlossenem Schalter) die beiden Pole der Energiequelle direkt mit einem Leiter (wie in Abb. 24) auf kürzestem Wege verbunden würden, wenn die beiden Pole "kurzgeschlossen" würden.

Du verstehst jetzt, weshalb man von einem gefährlichen **Kurzschluss** spricht, wenn zwei Pole (A und B), zwischen denen ein Strom begrenzender Widerstand sein müsste, durch einen gut leitenden Draht direkt miteinander verbunden würden. Die Punkte A und B sind dann "kurzgeschlossen" (Abb. 24).

Noch einmal:

Widerstände werden benötigt, um einen Strom durchzulassen und die Stromstärke auf ein geeignetes Maß zu begrenzen!

I.8.5 Kein Strom ohne Spannung?

Braucht man immer eine Spannung, damit ein Strom fließt?

Die Frage kannst du selbst beantworten, wenn du von der Definition der Spannung ausgehst. Zunächst scheint das so zu sein: Du dürftest bisher kaum mit einer anderen Situation in Berührung gekommen sein. Denn alle Stromkreise, die du kennst, enthalten einen Widerstand. Und wozu braucht man eine Spannung? Damit die Energie, die durch einen Widerstand nach außen abgegeben wird, wieder ersetzt wird, ersetzt wird durch elektrische Energie. Und Spannung ist Energie pro Ladungsmenge beim Transport dieser Ladungsmenge. Also ganz klar:

> **In einem Stromkreis mit einem Widerstand kann kein dauernder Strom fließen ohne eine Spannung.**

Aber, wenn kein Widerstand im Stromkreis liegt? Wäre in einem solchen Stromkreis auch eine Energiequelle eingebaut, würde eine Katastrophe passieren: Da kein Widerstand den Strom begrenzt, würde der riesige Strom infolge des Kurzschlusses schnell die Energiequelle und die Leitungen zerstören.

Andererseits, wenn zwischen zwei Punkten A und B im Stromkreis kein Widerstand liegt, wird auch keine Energie benötigt um eine Ladungsmenge von A nach B hindurchzupumpen. Dafür braucht man dann also keine Spannung.

Widerstandslose Materialien wurden 1911 von dem Holländer Kamerlingh-Onnes entdeckt, so genannte Supraleiter. Kühlt man ein solches Metall unter eine bestimmte Temperatur ab, verliert es jeden noch so kleinen Widerstand. (Diese Temperatur liegt nahe beim absoluten Temperaturnullpunkt, aber bei modernen Hochtemperatur-Supraleitern deutlich höher). Wenn in einem solchen **Stromkreis ohne Energiequelle** ein Strom irgendwie zustande kommt, dann kann er jahrelang verlustlos im Stromkreis fließen!

> **In einem Stromkreis ohne Widerstand (mit supraleitenden Verbindungen) kann ein dauernder Strom jahrelang ohne Spannung fließen.**

I.9 „Strom macht Spannung" - Spannungsabfall

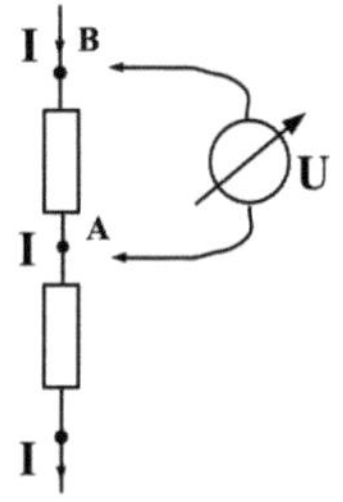

Abb. 36: Zwischen zwei Punkten A und B einer stromdurchflossenen Widerstandskette ist ein Spannungsabfall U zu messen.

I.9.1. Spannungsabfall

Bei einer Reihenschaltung von stromdurchflossenen Widerständen kannst du an jedem Widerstand, oder auch über zwei, drei ... Widerstände hinweg, eine Spannung messen, die meist verschieden ist von der Spannung der Energiequelle.

Sie entsteht erst, wenn ein Strom durch den Widerstand fließt. Unterbricht man den Stromkreis, so zeigt das Voltmeter die Spannung 0 V an.

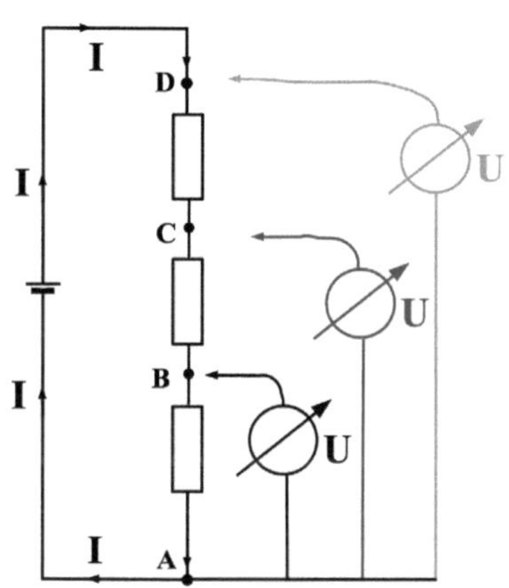

Abb. 38: Spannungsabfall: Bei Anschluss des Strommessers zwischen A und D bis zwischen A und B fällt die gemessene Spannung immer weiter ab. So entstand der Name „Spannungsabfall".

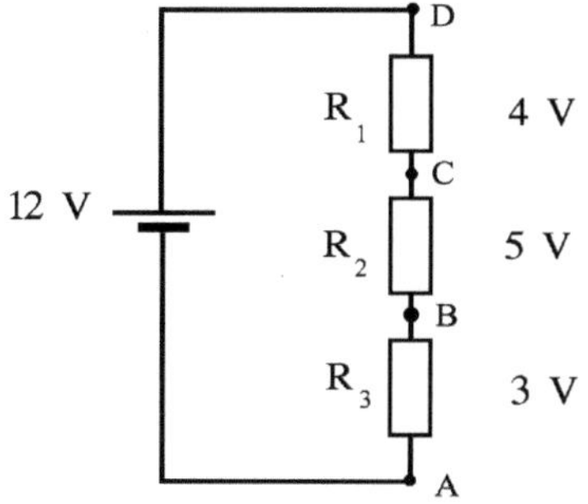

Abb. 37: Spannungsabfälle: „Strom macht Spannung". An den Widerständen sind bei einer Stromstärke I = 0,1 A die Spannungen 4 V, 5 V und 3 V zu messen. Zusammen ergeben sie die Spannung der Energiequelle (12 V). Wie groß sind die Widerstände?

Welche Spannung wird an jedem der Widerstände gemessen, wenn man bei B unterbricht?

Man sagt, der Strom erzeugt einen **Spannungsabfall** am Widerstand. Er ist umso größer, je größer die Stromstärke und je größer der Wert des Widerstands ist.

Wenn durch den Widerstand mit dem Widerstand(swert) R = 100 Ω ein Strom der Stromstärke I = 0,1 A fließt, entsteht an ihm nach dem Ohm'schen Gesetz ein Spannungsabfall U = R·I = 100 Ω·0,1 A = 10 Ω·A = 10 (V/A)·A = 10 V.

(kurz: Wenn durch den Widerstand R = 100 Ω ein Strom I = 0,1 A fließt, …)

Bei einer Reihenschaltung von stromdurchflossenen Widerständen werde die Spannung zwischen dem negativen Pol (Punkt A) und dem ferneren Anschluss des Widerstands gemessen (Abb. 38). Die Spannung fällt immer stärker ab, wird immer kleiner, je "näher der Anschluss dem Minuspol" ist, je geringer also der Wert des Widerstands zwischen den beiden Anschlüssen des Voltmeters ist (geringste Spannung in Abb. 38 zwischen B und A). Das erklärt den Namen "Spannung**sabfall**". Wesentlich ist, dass der Spannungsabfall durch den Strom entsteht, und zwar nur an stromdurchflossenen Widerständen.

Man sagt: „Am stromdurchflossenen Widerstand R fällt eine Spannung U ab" und meint damit die Spannung, die an einem Widerstand durch den Strom entsteht.

Auch der Spannungsabfall hängt mit der Energie pro Ladung zusammen: Der Spannungsabfall an einem Widerstand ist die Energie pro Ladungsmenge Q, die dem Widerstand zugeführt wird, wenn der Strom die Ladung Q durch ihn hindurch transportiert.

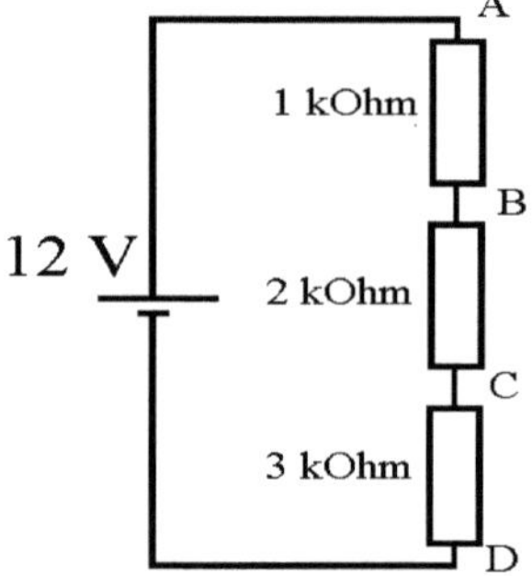

I.9.2 Allgemeine Definition der Spannung

Abb. 39: Spannungsabfälle: „Strom macht Spannung". Gib die Stromstärke durch alle Widerstände an! Berechne dann die Spannungsabfälle an den einzelnen Widerständen: U_{BA}, U_{CB}, U_{DC}!

Spannungsabfall U zwischen zwei Punkten, z.B. an Anfang und Ende eines Widerstands, ist die Energie pro Ladungsmenge Q, die an den Widerstand abgegeben wird, wenn die Ladungsmenge Q zwischen den beiden Punkten hindurch fließt.

Diese Energie wird anschließend in einer anderen Form wieder abgegeben, z.B. in Form von Wärme.

Allgemeiner:

> ***Spannung*** U zwischen 2 Punkten A und B ist die Energie pro Ladungsmenge Q, die beim Transport einer Ladungsmenge Q (vom Punkt A des Stromkreises zum Punkt B) von der Energiequelle abgegeben wird.

Die *Spannung einer Energiequelle* ist dementsprechend die Energie pro Ladungsmenge Q, die beim Transport einer Ladungsmenge Q von einem Pol der Energiequelle zum anderen abgegeben wird.

Durch die Angabe U = 9 V weißt du also (im Prinzip), wieviel Energie die Energiequelle durch ein Elektron an den Stromkreis abgeben kann.

I.9.3 Miss die Spannung immer zwischen zwei Punkten!

Die Spannung muss immer zwischen zwei Punkten A und B gemessen werden. Also legt man den Spannungsmesser von außen an die beiden Punkte, Punkt A an den schwarzen (-) Eingang des Voltmeters, Punkt B an den roten (+) Eingang (Abb. 36).

*Abb. 40: **Spannungstanz**: Die beiden Mädchen demonstrieren mit ihrem Tanz, dass die Spannung immer zwischen 2 Punkten gemessen wird. Es war allerdings ein sehr ruhiger Tanz, ausgehend vom Stromtanz (Abb.7)!*

Vorsicht: So kannst du aber i.A. nicht die Spannung zwischen zwei Punkten einer Induktionsschleife oder Spule messen, wenn die Spannung durch Induktion entsteht. Die Zuleitungen zum Voltmeter könnten einen anderen sich ändernden „magnetischen Fluss" umschließen als die Induktionsschleife. Dann würde der z.B. vergrößerte magnetische Fluss auch eine vergrößerte Induktionsspannung bedingen. Genaueres lernst du später kennen.

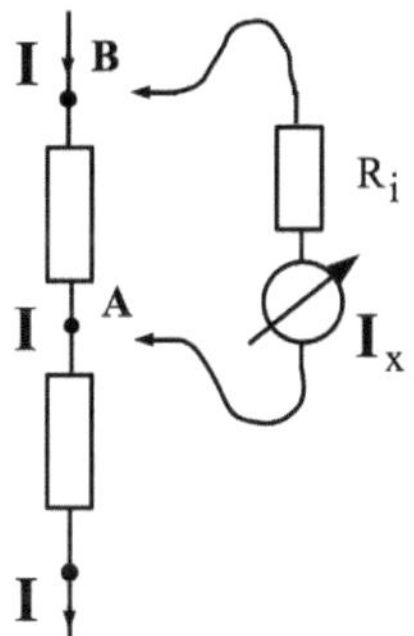

Abb. 41: Ein Spannungsmesser (Voltmeter) enthält einen möglichst großen Innenwiderstand R_i. Mit dem Schalter in Abb. 32. wählst du R_i und Messbereich.

I.9.4 Warum kannst du mit einem Voltmeter eine Spannung messen?

Eine Energiequelle hat eine Spannung auch ohne Stromkreis. Dafür gibt es spezielle Voltmeter (ohne Stromfluss). Wegen des Ohm'schen Gesetzes kann man jedoch auch den Strom durch einen bekannten Widerstand als Maß für eine Spannung nutzen. In der Regel ist deshalb heutzutage ein Voltmeter ein umgebautes Amperemeter. Während ein Amperemeter möglichst geringen Innenwiderstand haben soll (weil es ja **in den Stromkreis** einge-baut ist und den dort fließenden Strom möglichst wenig beeinflussen soll), ist dem Voltmeter ein **möglichst großer** Innenwiderstand R_i vorgeschaltet. Misst man die Spannung zwischen zwei Punkten A und B (Abb. 41), so fließt durch den „Umweg" über das Voltmeter auch ein kleiner Strom, dessen Stärke I_x bestimmt ist durch die Spannung U zwischen A und B und durch den Innenwiderstand R_i des Voltmeters. I_x ist also ein Maß für die Spannung U. I_x wird bei einem festen Innenwiderstand R_i in die dazu nötige Spannung umgerechnet und angezeigt. Es gilt $U = R_i \cdot I_x$. Der möglichst große Innenwiderstand R_i lässt nur einen möglichst kleinen Strom zu und verhindert, dass im Stromkreis veränderte Ströme fließen, die verfälschte Span-nungsabfälle hervorrufen könnten. R_i heißt manchmal auch Vorwiderstand R_V .

Je größer R_V, desto größer ist U (bei gleichem I_x), also auch die maximale messbare Spannung. Durch ein Messgerät darf z.B. maximal 0,1 mA Strom fließen, wobei es bei der Spannung 0,2 V schon Vollausschlag zeigt. Es soll aber bis 10 V anzeigen: der Vollausschlag soll 10 V sein. Also müssen an R_V 9,8 V abfallen. Aus $R_V = U/I_x = 9,8$ V/0,1 mA erhältst du $R_V = 98$ kΩ. Mit diesem Vorwiderstand kannst du den Messbereich des Voltmeters auf 10 V erweitern. Mit dem Drehschalter im Multimeter von Abb. 32 schaltest du unterschiedliche Vorwiderstände zu und wählst damit den Messbereich.

Würdest du einen Strommesser wie den Spannungsmesser anschließen, ohne zusätzlichen Vor-widerstand R_i, wärest du in der Regel sofort von einer Rauchwolke umgeben: ohne Strom-begrenzung würde ein riesiger Strom fließen und alles im Strommesser verschmoren.

I.9.5 Nur stationäre Ströme interessieren!

Wir betrachten hier nur so genannte **stationäre Ströme**, die sich in einer sehr kurzen Zeit (typisch 10^{-8} s) nach dem Einschalten eingestellt haben. In dieser Zeit passiert alles Mögliche, auch unter Mitwirkung von elektrischen und magnetischen Feldern, die sich mit Lichtgeschwindigkeit ausbreiten; aber kaum jemand interessiert sich da-für. Alles, was interessiert, geschieht nach dieser kurzen Zeit.

Deswegen sollst du dir den Namen „stationärer Strom" auch nicht merken. Alle Ströme, die du betrachtest, fallen darunter.

Dann aber hat sich ein Zustand eingestellt mit den auf Grund der hier besprochenen Regeln sich ergebenden Spannungsabfällen und Strömen. Es handelt sich um eine Art „Gleichgewichtszustand".

Der Stromkreis "weiß" sozusagen nach dieser kurzen Zeit, wie er angelegt ist. Er steuert sich jetzt selbst, so dass die Regeln für U und I in diesem Zustand immer ein-gehalten werden.

I.10 Widerstandsnetze

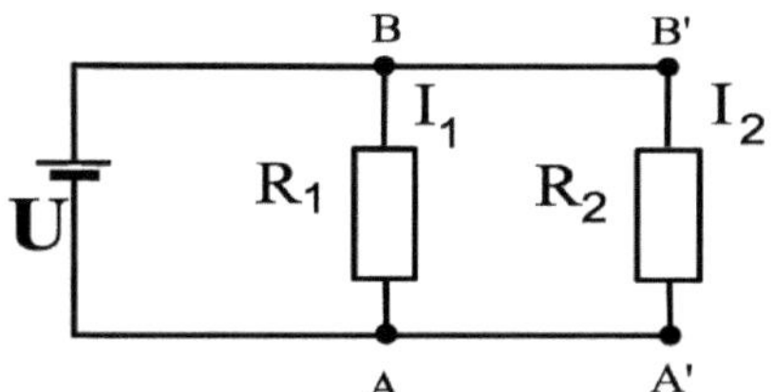

Abb. 42: Parallelschaltung von zwei Widerständen: Welche Spannung liegt an R_1 und R_2? Berechne die Gesamtstromstärke für den Strom aus der Energiequelle, wenn U = 12 V, R_1 = 1 kΩ , R_2 =2 kΩ !

Parallelschaltung von Widerständen (Abb. 42)

Ein von der Energiequelle kommender Strom teilt sich auf in zwei „Zweige", einer von B nach A, der andere von B' nach A'.

Die Bezeichnung „parallel geschaltet" hat nichts damit zu tun, dass beide Widerstände parallel gezeichnet sind. Sie heißen so, weil ein Anschluss der beiden Widerstände mit dem gemeinsamen Punkt A (= A') und der andere mit dem gemeinsamen Punkt B (= B') verbunden ist. Das 4-Eck AA'B'B kann beliebig verformt werden. (Alle Leitungen sollen widerstandslos sein; bei Stromfluss entstehen an ihnen keine Spannungsabfälle.)

Es ist klar, dass in Abb. 42 beide Zweige mit den Widerständen R_1 und R_2 vollkommen unabhängig sind, so als wäre der andere Zweig nicht vorhanden. An beiden Widerständen liegt die gleiche Spannung U (zwischen B und A bzw. zwischen B' und A'). Mit dem Ohm'schen Gesetz erhältst du die Stromstärken I_1 und I_2. Weil beide Ströme aus der Energiequelle kommen müssen, kennst du damit auch die Gesamtstromstärke I.

In einer Zeit t transportiert I_1 die Ladung Q_1 = $I_1 \cdot t$ durch den Widerstand R_1, also um so mehr Ladung, je größer die Stromstärke ist. Da an beiden Widerständen die gleiche Spannung liegt, nimmt der kleinere Widerstand R_1, der mit der größeren Stromstärke, auch mehr Energie aus der Energiequelle auf.

Das folgt auch rechnerisch: Wegen U = E_1/Q_1 = E_2/Q_2 folgt E_1 = $U \cdot I_1 \cdot t$ und E_2 = $U \cdot I_2 \cdot t$

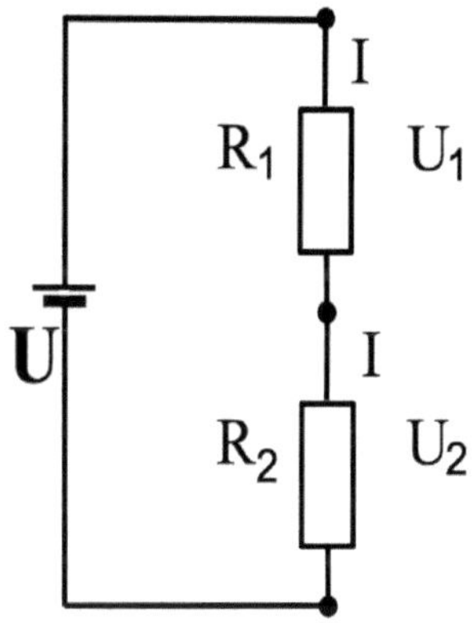

Dagegen nimmt bei einer **Reihenschaltung von Widerständen** (Abb. 43) der größere mehr Energie auf, weil durch beide der gleiche Strom fließt, was aber beim größeren Widerstand nur mit größerem Energieaufwand (und größerer Spannung) möglich ist.

Abb. 43: Reihenschaltung von zwei Widerständen: Welche Spannungen liegen an R_1 und R_2? Berechne die Stromstärke, wenn U = 12 V, R_1 = 1 kΩ , R_2 =2 kΩ !

Es gibt hier zwei einfache Regeln (siehe unten).

Viele Widerstandsnetze lassen sich allein damit analysieren. Auf kompliziertere Widerstandsnetze soll hier aber nicht eingegangen werden. Je nach Lehrplan wird dein Lehrer das Thema mehr oder weniger intensiv mit dir einüben. Immer wirst du die beiden Regeln zusammen mit dem Ohm'schen Gesetz verwenden:

Regel 1:
An parallelgeschalteten Energiewandlern (Widerständen) liegt stets die gleiche Spannung U.

Regel 2:
Durch in Reihe geschaltete Energiewandler (Widerstände) fließt stets ein Strom gleicher Stromstärke I.

Beispielaufgabe

1. Zu Abb. 42 (Parallelschaltung):

Es gelte $U = 5,0$ V, $R_1 = 333$ Ω, $R_2 = 470$ Ω.

An beiden Widerständen liegt die gleiche Spannung U. Nach dem Ohm'schen Gesetz gilt $I_1 = U/R_1 = 5,0$ V$/333$ Ω $= 0,015$ V/Ω $= 0,015$ V·A/V $= 0,015$ A $= 15$ mA und $I_2 = U/R_2 = 5,0$ V$/470$ Ω $= 11$ mA. Die Gesamtstromstärke aus der Energiequelle ist also 26 mA. Sie entspricht der Stromstärke durch einen „Ersatzwiderstand" von 192 Ω. Er ist geringer als die beiden Teilwiderstände.

2. Zu Abb. 43 (Reihenschaltung):

Es gelte $U = 5,0$ V, $R_1 = 333$ Ω, $R_2 = 470$ Ω. Durch beide Widerstände fließt der zunächst noch unbekannte Strom I, so, als würde er durch einen einzigen Widerstand mit $R = R_1 + R_2 = 803$ Ω fließen (Ersatzwiderstand oder Gesamtwiderstand). Er ist größer als beide Teilwiderstände. Nach dem Ohm'schen Gesetz gilt $I = U/R = 5,0$ V$/803$ Ω $= 0,0062$ A $= 6,2$ mA. Die Spannungsabfälle sind dann $U_1 = R_1 \cdot I = 333$ V/A $0,0062$ A $= 2,1$ V und $U_2 = U - U_1 = 5,0$ V $- 2,1$ V $= 2,9$ V. Du hättest natürlich auch $U_2 = R_2 \cdot I$ anwenden können. Du siehst:

In einer Parallelschaltung ist der gesamte Strom die Summe der Teilströme. Er ist damit größer als jeder Teilstrom.

In einer Reihenschaltung teilt sich die Spannung auf die Spannungsabfälle an den einzelnen Widerständen auf, durch die ein gemeinsamer Strom fließt. Jeder einzelne Spannungsabfall ist geringer als die Spannung der Energiequelle.

Hinweis: Regel 1 und ihre Folgerungen gelten nicht bei der Induktion.

I.11 Wie geht es weiter? Leistung P (im Unterricht viel später)

Leistung ist Arbeit pro Zeiteinheit, in vielen Fällen auch Energie pro Zeiteinheit: $P = E/t$. Wegen der Definition für U als $U = E/Q$, also $E = U \cdot Q$, gilt dann $P = U \cdot Q/t$, und damit

$$\boxed{P = U \cdot I}$$

Die Leistung P, die von einer Energiequelle in den Stromkreis transportiert wird, hängt von der Energiequelle (über U) und vom ganzen Stromkreis (über I) ab.

Naja, das weißt du auch ohne Rechnung: Bei einer größeren Spannung U leuchtet ein Lämpchen heller. Zieht ein Gerät mehr Strom I, musst du den Akku früher nachladen, weil der Energievorrat des Akkus schneller „verbraucht" ist. Beides bestätigt eine höhere Leistung $P = U \cdot I$ aus der Energiequelle mit wachsender Stromstärke I und Spannung U.

Weil $P = E/t$ ist die Einheit der Leistung 1 J/s. Dafür hat man auch den Namen W (Watt) vereinbart: 1 W = 1 J/s. Eine größere Einheit ist 1 kW (kilowatt). Flusskraftwerke geben typisch 1 MW - 100 MW (Megawatt) an elektrischer Energie ab.

Eine typische LED-Energiesparlampe nimmt 7 W Leistung auf, ein Heizlüfter bis zu 2000 W Leistung.

Auf der fälschlich so genannten „Stromrechnung" deiner Eltern findest du aber Angaben mit der Benennung kWh (Kilowattstunden). Das ist keine Leistungseinheit, sondern eine Energieeinheit. Du hast ja längst zur Kenntnis genommen, dass deine Eltern für die bezogene **Energie** zahlen müssen.

Es gilt $E = P \cdot t$. Bei einer Leistung P von 1 kW = 1000 W, wie bei einem Heizlüfter mittlerer Leistung, und einer Betriebsdauer von t = 1 h = 3600 s erhältst du:

$E = 1$ kW$\cdot 1$ h = 1 kWh . Für diese Energie müssen deine Eltern ca. 30 – 50 ct bezahlen. Andererseits gilt:

$E = 1\,000$ W$\cdot 3600$ s = $3\,600\,000$ W $\cdot$s = $3\,600\,000$ J.

Du kennst damit die Umrechnung: 1 kWh = $3\,600\,000$ J, und hast erfahren, dass 1 J eine recht kleine Energieeinheit ist. Im Bereich der Atome sind aber noch viel kleinere Energieeinheiten wichtig.

In einer Stunde wandelt die typische LED-Sparlampe 7 Wh („Wattstunden") an Energie in Licht um. In 5 Tagen = 120 h sind das schon 840 Wh = 0,84 kWh. Der Heizlüfter nimmt in 1 Stunde die Energie 2 kWh („Kilowattstunden") auf und wandelt sie größtenteils in Wärme um. Dafür zahlen deine Eltern ca. 60 ct bis 1 Euro.

II.1 Zur Theorie des Stromkreises mit stationärem Strom

II.1.1 Kondensator-Modell

Positive und negative statische Ladungen auf den Polen der Energiequelle und Oberflächen von Leitern „halten sich gegenseitig fest" wie die Ladungen auf Kondensator-Platten. Sie nehmen nach Bildung des stationären Zustands mit dem notwendigen elektrischen Feld nicht mehr am Stromfluss teil.

II.1.2 Im stromdurchflossenen Leiter entsteht ein elektrisches Feld E

Es hängt im stationären Zustand mit der Stromdichte $\mathbf{j}$ über das Ohm'sche Gesetz $\mathbf{j} = \sigma \cdot \mathbf{E}$ zusammen. Wo ein Strom fließt, müssen Stromdichte und elektrische Feldstärke gleichgerichtet sein. Es kann keinen Stromfluss geben ohne ein begleitendes elektrisches Feld $\mathbf{E}$. Dieses Feld hat m.E. zwei Ursachen: Erstursache sind die Vorgänge in der Energiequelle. Sie erzeugen auf den Polen der unverbundenen Batterie getrennte Ladungen. Durch gegenseitige Abstoßung und Anziehung sammeln sie sich an den Oberflächen der Pole an und halten sich gegenseitig wie im Kondensator fest. Während des kurzzeitigen Einschaltvorgangs nach dem Schließen des Stromkreises entstehen schwer zu überschauende elektrische Felder und Ströme im Inneren des Leiters, möglicherweise unter Mitwirkung von Ladungen, die auf der Oberfläche verblieben sind. Diese Ströme schaffen sich zweitens ein elektrisches Feld selbst, bis schließlich das Gesamt-Feld $\mathbf{E}$ im Inneren dem Ohm'schen Gesetz $\mathbf{j} = \sigma \cdot \mathbf{E}$ genügt. Der stationäre Zustand ist erreicht. Nur mit diesem Feld wird im Folgenden argumentiert.

In der Elektrostatik kann dagegen im Inneren eines Metalls nach Erreichen des stationären Zustands kein elektrisches Feld herrschen. Solange ein solches Feld besteht, verschiebt es Leitungselektronen an die Oberfläche des Metallkörpers, bis das Innere feldfrei ist. Das gilt nicht für Hochfrequenzfelder, für die es eine gewisse Eindringtiefe gibt (Skin-Effekt).

II.1.3 Eine Bemerkung zu Wirbelfeldern und (wirbelfreien) Potenzialfeldern

Jedes Feld lässt sich zusammengesetzt denken aus einem reinen Wirbelfeld (rot $\mathbf{E} \neq 0$; div $\mathbf{E} = 0$) und einem überlagerten (wirbelfreien) Potenzialfeld (rot $\mathbf{E}' = 0$; div $\mathbf{E}' \neq 0$). Nur ein reines Wirbelfeld, wie es z.B. bei der Induktion entstehen kann, zumindest in bestimmten Fällen, besitzt geschlossene elektrische Feldlinien. Ein auf einen endlichen Raum beschränktes Feld kann als Überlagerung eines reinen Wirbelfelds mit einem wirbelfreien Potenzialfeld aufgefasst werden. Das gilt für das eingeprägte elektrische Feld in einer chemischen Energiequelle (Batterie). Es simuliert die chemischen Vorgänge in der Quelle und bringt sie in eine mit der Elektrodynamik kompatible Form. Der Wirbelanteil erklärt die Energieabgabe an den Stromkreis.

II.1.4 Das elektrische Feld im Leiter folgt der Leitergeometrie

Das wird seit mindestens 100 Jahren mit Oberflächenladungen erklärt. Auf dem Mantel eines Leiters sitzende Oberflächenladungen nenne ich Mantelladungen, auf Grenzflächen im Inneren sitzende nenne ich Stirnladungen bzw. Raumladungen.

Ganz gleich wie die Form des Leiters ist, gekrümmt oder geradlinig, ist das elektrische Feld $\mathbf{E}$ im Leiterinneren in Stromrichtung $\mathbf{j}$ gerichtet, wenn das Ohm'sche Gesetz gemäß $\mathbf{j} = \sigma \cdot \mathbf{E}$ gilt. Es stellt sozusagen eine Zwangsbedingung dar. In jedem Leiterquerschnitt (eines unverzweigten Stromkreises mit gleicher Querschnittsfläche), herrscht danach ein elektrisches Feld $\mathbf{E}$ mit gleichem Betrag über den ganzen Querschnitt hinweg. Gleiches gilt dann für die Stromdichte $\mathbf{j}$. Verbiegt man den Leiter, folgen Stromdichte und elektrisches Feld in kürzester Zeit. Wie beim homogenen Feld hängt dann der Betrag der elektrischen Feldstärke E mit der Spannung U zwischen zwei Punkten zusammen: $U = E \cdot \ell$ bei einem Punktabstand ℓ.

Standard-Lehrbücher der Elektrodynamik beweisen das mit Hilfe der Wirbelfreiheit von $\mathbf{E}$, also mit rot $\mathbf{E} = 0$ und der Kontinuitätsgleichung für den Strom (div $\mathbf{j} = 0$), wenn außerhalb des Leiters die Leitfähigkeit $\sigma = 0$ ist, der **Leiter also an einen Isolator angrenzt**.

Für andere Leiter gelten diese Aussagen nicht, z.B. für einen elektrolytischen Trog.

Für eine Strömung gilt allgemein: $d\rho/dt = \partial\rho/\partial t + \text{div } \mathbf{j}$. Die Ladungsdichte ρ kann sich in einem kleinen Volumen V nur ändern ($d\rho/dt$) durch Erzeugung oder Vernichtung von ρ ($\partial\rho/\partial t$) oder durch Herein- oder Herausströmen durch die Oberfläche von V mittels der Stromdichte $\mathbf{j}$. Die **Kontinuitätsgleichung** drückt die Ladungserhaltung durch $d\rho/dt = 0$ aus. Weil bei einem stationären Strom auch keine Ladung erzeugt oder vernichtet wird ($\partial\rho/\partial t = 0$), reduziert sich die Kontinuitätsgleichung auf div $\mathbf{j} = 0$.

Die Elektrodynamik ist keine kausale Theorie, sondern eine konsistente. Sie beschreibt Situationen, die nebeneinander, gleichzeitig vorliegen. Deswegen ist es müßig, darüber zu streiten, ob der Strom Oberflächenladungen erzeugt und damit das elektrische Feld hervorruft, oder ob dieses die Ladungen bzw. den Strom im Leiter „antreibt". Immerhin steht fest, dass das elektrische Feld im Leiter ohne Strom nicht existieren kann, umgekehrt auch kein Strom ohne dieses Feld.

Die Oberflächenladungen passen das von der Batterie oder dem sich ändernden Magnetfeld erzeugte elektrische Feld an die jeweilige Leitergeometrie an. Statische

Oberflächenladungen sind, wenn man der Literatur glauben darf, sehr klein. Sie können auch nicht die Energie für einen stationären Strom durch einen Widerstand herbeischaffen. Die Energie kommt eindeutig aus der Energiequelle und nicht von statischen (Oberflächen-)Ladungen. Verändert man nämlich die Oberflächenladungen durch Verbiegen der Leiter, verändert sich nichts Wesentliches im Stromkreis. Wird dagegen die Energiequelle verändert, z.B. durch Abtrennen, hat das dramatische Folgen.

Das lässt sich **- W. Panofsky, M. Phillips, Classical electricity and magnetism**, Addison-Wesley Publishing Company, 2. Auflage 1962, S. 118 - 122 und vielen anderen Standard-Lehrbüchern der Elektrodynamik folgend - mathematisch mit Hilfe der Maxwell-Gleichungen und der Kontinuitätsgleichung zeigen:

II.1.5 An der Grenzfläche ist E im Leiterinneren parallel zur Leiteroberfläche

(1) Mit der Stromdichte **j** und der Leitfähigkeit σ (Kehrwert des spezifischen Widerstands) gilt: div **j** = div (σ·**E**) = 0. Das besagt, dass nirgendwo im Stromkreis eine Stromdichte verschwinden oder neu erzeugt werden kann. Alles, was in ein infinitesimales Volumen hineinströmt, muss auch wieder herausströmen.

n sei ein Einheitsvektor, der auf einer infinitesimalen Grenzfläche zwischen Leiter und Isolator senkrecht steht. Er soll von Gebiet 1 nach Gebiet 2 zeigen. Gemäß den Regeln der Vektoranalysis gilt dann: div **j** = 0 => **n** · (σ$_2$·**E**$_2$ - σ$_1$·**E**$_1$) = 0. Wenn der Leiter an einen Isolator angrenzt (Gebiet 2; σ$_2$ = 0), müssen also **n** und **E**$_1$ aufeinander senkrecht stehen: **E** im Leiter (Gebiet 1) ist parallel zur Grenzfläche. Gäbe es im Inneren eine Feldkomponente senkrecht zur Grenzfläche, würden durch sie Ladungen an die Grenzfläche zum Isolator verschoben werden, bis die Feldkomponente verschwunden ist, bis also das Feld parallel zur Grenzfläche verläuft.

(2) Im Inneren des Leiters

Weiter folgt aus der Wirbelfreiheit von **E** im **Inneren des Leiters**: rot **E** = 0 => **n** x (**E**$_2$ - **E**$_1$) = 0 für einen geschlossenen Weg infinitesimaler Breite, dessen eine längere Seite in einem Gebiet 1 und dessen zweite längere Seite in einem Gebiet 2 verläuft. Da beide Feldstärken im Leiterinneren senkrecht zu **n** verlaufen, folgt daraus **E**$_2$ - **E**$_1$ = 0 bzw. **E**$_2$ = **E**$_1$. Es ergeben sich gleiche elektrische Feldstärken über den ganzen Leiterquerschnitt. Die Wegunabhängigkeit des Potenzials sagt das Gleiche.

Am Rand eines Leiters, der (mit scharfer Begrenzungsfläche) an einen Isolator angrenzt, folgt, da das **E**-Feld *im Leiter* parallel zur Oberfläche gerichtet ist (und konstanten Betrag hat), dass es *außerhalb* an der Grenzfläche zumindest gleiche Parallelkomponente hat.

(3) Ändert sich innerhalb des Leiters die Ladungsdichte ρ?

Das ist nur dann möglich, wenn sich die Leitfähigkeit σ oder der Leiterquerschnitt A ändert.

Solche Raumladungen in der Übergangszone zwischen Leitern unterschiedlicher Leitfähigkeit oder unterschiedlichen Querschnitts passen den Betrag der elektrischen Feldstärke an das geforderte Maß an:

a) Bei konstantem Querschnitt hat die Stromdichte in beiden Leitern gleichen Betrag ($j = I/A$). Also muss gelten: $\sigma_2 \cdot E_2 = \sigma_1 \cdot E_1$ bzw.

$$\boxed{E_2/E_1 = \sigma_1/\sigma_2}$$ Grenzt an ein Leiterstück mit großer Leitfähigkeit σ_1 ein Leiterstück mit kleiner Leitfähigkeit σ_2, also ein Widerstand, dann muss in ihm eine größere elektrische Feldstärke herrschen, damit die gleiche Stromstärke aufrecht erhalten wird.

b) Ähnliches gilt bei einer Querschnittsänderung: An ein Leiterstück mit Querschnittsfläche A_1 und Feldstärke E_1 schließe sich ein Leiterstück mit Querschnittsfläche A_2 und Feldstärke E_2 an.

Die Stromstärke muss konstant bleiben, also mit $I = j \cdot A = \sigma \cdot E \cdot A$

$\sigma \cdot E_1 \cdot A_1 = \sigma \cdot E_2 \cdot A_2$, deshalb

$$\boxed{E_1/E_2 = A_2/A_1}$$

Die Feldstärken verhalten sich umgekehrt wie die jeweiligen Querschnittsflächen. Wieder wird die Feldstärken-Änderung durch Raumladungen nahe der Trennfläche zwischen beiden Bereichen erzeugt.

M.E. sollte also ein korrektes schulisches Modell die Vorgänge im Stromkreis so beschreiben, dass die Ladungsträgerdichte überall im Stromkreis konstant ist, außer in den schmalen Zonen, in denen sich die Leitfähigkeit oder der Leiterquerschnitt ändert. Aus den Maxwell-Gleichungen und der Kontinuitätsgleichung ergibt sich für das Leiterinnere kein Hinweis dafür, dass *bei Stromfluss* zwischen dem negativen Pol der Energiequelle und dem nächsten Widerstand ein Überschuss an negativen Elektronen und zwischen dem positiven Pol und dem letzten Widerstand ein Mangel an Elektronen herrscht. Wäre in diesem Sinn bei fließendem Strom ein stationärer Mangel bzw. Überschuss vorhanden, würde er auch nicht an den Transportvorgängen teilnehmen (vgl. Kondensator-Modell).

Rechnungen für ρ finden Sie unter: www.forphys.de/Website/elektr/stauladpol.html.

II.1.6 Ein wirbelfreies elektrisches Feld (reines Potenzialfeld) kann nicht die Energie für einen stationären Strom heranschaffen

Das ist bereits anschaulich klar. Wegen der definierenden Eigenschaft eines Potenzials, der Wegunabhängigkeit, muss die Energie, die auf einem Weg von A nach B abgegeben wird, auf dem Rückweg von B nach A wieder zurückgegeben werden. Dann ist wieder der Punkt A und die Ausgangssituation erreicht, es ist insgesamt weder Energie abgegeben noch hinzu gewonnen worden. Es steht also keine Energie zur Verfügung, die z.B. als Stromwärme nach außen abgegeben werden könnte. In Standard-Lehrbüchern der Elektrodynamik findet man eine formale Herleitung dieser Tatsache. Möchte man einen elektrischen Stromkreis allein mit einem Potenzial erklären (was in der Didaktik recht beliebt ist, weil man dann glaubt, den Begriff der Spannung leicht erklären zu können: „Spannung = Potenzialdifferenz" wird behauptet), so bleibt völlig offen, woher die Energie kommen soll, die in Stromwärme umgewandelt wird. Das gilt auch für das Feld von Oberflächenladungen.

Natürlich ist „Spannung = Potenzialdifferenz" auf jeden Fall richtig, wenn es ein reines Potenzial gibt. Das ist in der Elektrostatik und z.B. bei einer Kondensatorentladung der Fall. Induktion erfordert eine andere Definition der Spannung.

Hier also der formale Beweis nach **W. Panofsky, M. Phillips, Classical electricity and magnetism**, Addison-Wesley Publishing Company, 2. Auflage 1962, S. 118 - 122 und vielen anderen Standard-Lehrbüchern der Elektrodynamik :

Fließt ein elektrischer Strom mit der Stromdichte $\mathbf{j}$ durch ein elektrisches Feld $\mathbf{E}$, so kann das elektrische Feld an den Ladungen positive oder negative Arbeit verrichten. Die **Leistungsdichte** n ist dabei n = $\mathbf{j}\cdot\mathbf{E}$. Das Feld $\mathbf{E}$ verrichtet also in der Zeit Δt im kleinen Volumen ΔV die Arbeit $\Delta W = \mathbf{j}\cdot\mathbf{E}\cdot\Delta t\cdot\Delta V$, die positiv ist, falls $\mathbf{j}$ und $\mathbf{E}$ gleichgerichtet sind, wie bei Gültigkeit des Ohm'schen Gesetzes.

Wenn $\mathbf{j}$ und $\mathbf{E}$ durch das Ohm'sche Gesetz miteinander verknüpft sind: $\mathbf{j} = \sigma\cdot\mathbf{E}$, gilt für die Leistungsdichte n:

$$n = j^2/\sigma$$

Das ist also die Energie pro Zeit- und Volumeneinheit, die das Feld einem ohmschen Widerstand der Leitfähigkeit σ zuführt, die also als Wärme pro Zeit- und Volumeneinheit nach außen abgegeben wird (ohne Energie im Magnetfeld).

Zur Ableitung der Leistungsdichteformel

An einer Ladung $\Delta Q = \rho\cdot\Delta V$ in einem kleinen Volumen ΔV verrichtet das elektrische Feld $\mathbf{E}$ Arbeit beim Transport um die Strecke Δs. Der Transport der Ladung ist mit einer Strömung mit der Geschwindigkeit $\mathbf{v}$ verbunden, also mit einem elektrischen Strom mit der Stromdichte $\mathbf{j} = \rho\cdot\mathbf{v}$. Dann gilt für die verrichtete Arbeit $\Delta W =$

$\mathbf{F} \cdot \Delta \mathbf{s} = \Delta Q \cdot \mathbf{E} \cdot \Delta \mathbf{s} = \rho \cdot \Delta V \cdot \mathbf{E} \cdot \Delta \mathbf{s} = \rho \cdot \Delta V \cdot \mathbf{E} \cdot \mathbf{v} \cdot \Delta t = \mathbf{j} \cdot \mathbf{E} \cdot \Delta V \cdot \Delta t$. Damit erhält man für die **Leistungsdichte** n:

$$n = \Delta W / (\Delta V \cdot \Delta t) = \mathbf{j} \cdot \mathbf{E}$$

II.1.7 Standard-Modell des elektrischen Stromkreises mit einer chemischen Energiequelle („Batterie")

Also sind hier zwei Fragen zu klären:

1. Woher erhalten wir ein elektrisches Wirbelfeld, evtl. einem Potenzialfeld überlagert? Nur dieses Wirbelfeld könnte die Energie für die Produktion von Stromwärme herbeischaffen. In einer Induktionsschleife gehört ein solches Wirbelfeld zum Wesen der Induktion. Bei chemischen Energiequellen muss man anders vorgehen.

2. Wie können wir die chemischen Vorgänge in einer Energiequelle pauschal in die Elektrodynamik integrieren ohne allzu sehr auf mikroskopische Details einzugehen?

Der traditionelle Weg, wie er in Standard-Lehrbüchern der Elektrodynamik beschritten wird, besteht in der Konstruktion eines „eingeprägten elektrischen Felds" $\mathbf{E}^{(e)}$, das auf das Innere der chemischen Energiequelle beschränkt ist. Es simuliert sozusagen die chemischen Vorgänge in ihr und lässt sich leicht in die Elektrodynamik integrieren. Wegen der räumlichen Begrenzung auf das Innere der Quelle handelt es sich um ein Wirbelfeld mit rot $\mathbf{E}^{(e)} \neq 0$.

Welche Arbeit verrichtet das elektrische Feld in einem Volumen V, das den ganzen Strom umfasst, wenn ein reines (wirbelfreies) Potenzialfeld E vorliegt und ein stationärer Strom fließt?

Ein Potenzialfeld $\mathbf{E}$ ist aus einem Potenzial φ ableitbar: $\mathbf{E} = -\,\mathrm{grad}\ \varphi$ und es gilt wegen der Wegunabhängigkeit der Verschiebungsarbeit für das Umlaufintegral über eine geschlossene Kurve: $\oint \mathbf{E} \cdot d\mathbf{l} = 0$ (bzw. rot $\mathbf{E} = 0$).

Um die Leistung zu erhalten ist über die Leistungsdichte $n = \mathbf{j} \cdot \mathbf{E}$ zu integrieren (Volumenintegral):

$$\int \mathbf{j} \cdot \mathbf{E}\ dV = -\int \mathbf{j} \cdot \mathrm{grad}\ \varphi\ dV$$

Wegen div $(\mathbf{j} \cdot \varphi) = \varphi \cdot \mathrm{div}\ \mathbf{j} + \mathbf{j} \cdot \mathrm{grad}\ \varphi$, also $\mathbf{j} \cdot \mathrm{grad}\ \varphi = \mathrm{div}\ (\mathbf{j} \cdot \varphi) - \varphi \cdot \mathrm{div}\ \mathbf{j}$, erhält man durch partielle Integration (jeweils mit geeigneten Integrationsgrenzen):

$$\int \mathbf{j} \cdot \mathbf{E}\ dV = -\int \mathbf{j} \cdot \mathrm{grad}\ \varphi\ dV = -\int \mathrm{div}\ (\mathbf{j} \cdot \varphi)\ dV + \int \varphi \cdot \mathrm{div}\ \mathbf{j}\ dV$$

$$= -\iint (\mathbf{j} \cdot \varphi)\ d\mathbf{f} + \int \varphi \cdot \mathrm{div}\ \mathbf{j}\ dV$$

nach dem Gaußschen Satz. Wählt man die Oberfläche des Volumens genügend groß, so dass $\mathbf{j}$ und φ gemeinsam schneller als $1/r^2$ abgeklungen sind, verschwindet das Oberflächen-Integral $\iint...\mathbf{df}$ und es gilt:

$$\int \mathbf{j}\cdot\mathbf{E}\, dV = \int \varphi\cdot \mathrm{div}\,\mathbf{j}\, dV$$

Bei einem *stationären Strom* verschwindet div $\mathbf{j}$, und damit auch das Integral links:

> Ein reines Potenzialfeld kann bei einem stationären Strom insgesamt keine Arbeit verrichten: $\int \mathbf{j}\cdot\mathbf{E}\, dV = 0$

Es ist mit einem stationären Strom in einem reinen Potenzialfeld also nicht verträglich, dass Wärme nach außen abgegeben wird.

> Wenn in einem Stromkreis Wärme abgegeben wird, kann nicht gleichzeitig der fließende Strom stationär sein und ein reines elektrisches Potenzialfeld vorliegen.

Das ist aber sehr plausibel: Im Volumen V soll der geschlossene Strom ganz enthalten sein. Dann müssen notwendigerweise in Teilen des Stromkreises $\mathbf{j}$ und $\mathbf{E}$ gleichorientiert sein (Skalarprodukt > 0), in anderen Teilen gegenläufig (Skalarprodukt < 0). Die Arbeiten auf unterschiedlichen Teilen des Stromkreises summieren sich zu 0. Oder einfacher: Ein Potenzialfeld ist dadurch definiert, dass die Verschiebungsarbeit für einen geschlossenen Weg verschwindet.

Die Aussage des Kastens ist nicht gültig für einen nichtstationären Strom wie z.B. bei der Kondensator-Entladung. Hier liegt einerseits tatsächlich ein reines Potenzialfeld vor (rot $\mathbf{E}$ = 0), andererseits hat die Stromdichte Quellen und Senken an den Kondensatorplatten (div $\mathbf{j}$ = $-\,\partial\rho/\partial t \neq 0$).

Das Ohm'sche Gesetz verknüpft die Stromdichte $\mathbf{j}$ mit der gesamten jeweiligen elektrischen Feldstärke am Ort der Stromdichte: $\mathbf{j} = \sigma\cdot\mathbf{E}$. Für die **Stromwärme** n (pro Zeit- und Volumeneinheit) gilt dann nach Multiplikation mit $\mathbf{j}/\sigma$: $j^2/\sigma = \mathbf{j}\cdot\mathbf{E}$. Nach Integration über ein genügend großes Volumen V:

$$\int j^2/\sigma\, dV = \int \mathbf{j}\cdot\mathbf{E}\, dV = 0$$

> Bei einem stationären Strom durch ein reines Potenzialfeld kann nicht erklärt werden, wie eine Produktion von Stromwärme zustande kommen soll!

Berücksichtigen wir jetzt, dass das gesamte elektrische Feld aus einem reinen (wirbelfreien) Potenzialfeldanteil E und einem reinen Wirbelfeldanteil $\mathbf{E}^{(e)}$ zusammengesetzt ist.

Man kann sich vorstellen, dass in manchen Teilen des Stromkreises nur einer der beiden Feldanteile vorliegt. $\mathbf{E}^{(e)}$ könnte bei einer Batterie auch ein formales elektrisches Feld sein, das die (nichtelektrischen, z.B. chemischen) Vorgänge in der Energiequelle simuliert. Dann wäre $E^{(e)}$ allein auf das Volumen der Energiequelle beschränkt. Oder $E^{(e)}$ könnte das elektrische Wirbelfeld sein, das überall im Stromkreis bei der Induktion durch ein zeitlich veränderliches Magnetfeld entsteht. Es ist plausibel, dass sich das Ohm'sche Gesetz durch die gesamte elektrische Feldstärke angeben lässt gemäß $j = \sigma \cdot (E + E^{(e)})$.

Für die Stromwärme (pro Zeit- und Volumeneinheit) gilt dann nach Multiplikation mit j/σ: $j^2/\sigma = j \cdot E + j \cdot E^{(e)}$.

Nach Integration über ein genügend großes Volumen V:

$$\int j^2/\sigma \, dV = \int j \cdot E \, dV \; + \int j \cdot E^{(e)} \, dV$$

wieder ist es so, dass für einen **stationären Strom** der Anteil des reinen Potenzialfelds E verschwindet. Es gilt also für die Leistung:

$$\int j^2/\sigma \, dV = \int j \cdot E^{(e)} \, dV$$

d.h. die gesamte Stromwärme kommt allein vom elektrischen Wirbelfeld $E^{(e)}$, dem „eingeprägten Feld", also von der Energiequelle bzw. von der Induktion.

Alle Wirkungen in den Widerständen gehen auf $E^{(e)}$ zurück. Zusätzliche Potenzialfelder, die $E^{(e)}$ evtl. begleiten, spielen energetisch für die Stromwärme keinerlei Rolle: Die Arbeit, die das Potenzialfeld auf einem Teil des Stromwegs verrichtet, wird wegen der Wegunabhängigkeit durch die gewonnene Arbeit auf einem anderen Teil des Stromwegs kompensiert. Eigentlich ist dieses Ergebnis schon anschaulich klar. Das entspricht auch Beobachtungen am Wasserstrom-Modell (Abb. 9). Es führt kein Weg daran vorbei: Durch den Strom wird eine nichtelektrische Energie (in der Batterie) in eine andere nichtelektrische Energie (Wärme) umgewandelt.

Aus dem (erweitert angeschriebenen) Ohm'schen Gesetz $j = \sigma \cdot (E + E^{(e)})$ folgt aber bei verschwindender Stromdichte $j = 0$ in einem Raumgebiet, in dem beide Teilfelder vorliegen, in einer Batterie etwa, oder in der Lücke einer unterbrochenen Induktionsschleife, dass $E = - E^{(e)}$. Das Innere der Batterie ist dann feldfrei. Unter dieser Bedingung – Stromlosigkeit – lässt sich die „eingeprägte Feldstärke" durch die äußere Feldstärke E messen. Das entspricht der Messung der Quellspannung, oder bei der Induktion, der Messung der Induktionsspannung durch das sekundäre Feld E „zwischen den Enden einer Induktionsschleife oder Spule", nach den Schulbüchern.

I.A. sind beide Feldstärken verschieden, in der Batterie evtl. entgegengesetzt gerichtet.

Überlegungen zu Oberflächenladungen sind auch für die Schule nicht uninteressant, insofern sie erklären, dass das elektrische Feld in jedem Leiterstück so angepasst wird, dass es der Leitergeometrie folgt. Aber sie gehen m.E. vorbei am Ziel, den Spannungsbegriff zu erklären. Es gibt schließlich Fälle, z.B. im elektrolytischen Trog, wo eine Spannung existiert, ohne dass das elektrische Feld homogen wäre. Mehr als eine qualitative Erwähnung über das Feld in den Leitern sollte m.E. nicht in den Schulunterricht eingehen. Bei Oberflächenladungen handelt es sich m.E. um ein didaktisches Nebenthema.

II.2 Oberflächenladungen auf stromdurchflossenen Leitern

II.2.1 Folgen von Kontinuitätsgleichung und Ohm'schem Gesetz

Zugrunde liegt ein geradliniges Leiterstück mit konstantem Leiterquerschnitt A und der Leitfähigkeit σ im Inneren. Wir wissen bereits, dass elektrisches Feld **E** und Stromdichte **j** der Leitergeometrie folgen, also homogen sind. **E** und **j** und auch Kräfte auf stromtransportierende Ladungen haben im Inneren des Leiters beim stationären Zustand keine Komponenten senkrecht zur Leiteroberfläche.

Die Kontinuitätsgleichung regelt das Gleichgewicht zwischen zu- und abfließenden Ladungen über die Stromdichte **j**. Dahinter steht die Ladungserhaltung. Bei einem *stationären* Strom kann unterwegs keine Ladungsdichte ρ erzeugt oder vernichtet werden ($\partial\rho/\partial t = 0$), also div **j** = 0. Mit dem Ohm'schen Gesetz für die Stromdichte **j** = $\sigma\cdot$**E** (außerhalb der Batterie) folgt, da diese im unverzweigten Stromkreis unveränderlich ist:

$$\text{div } \mathbf{j} = \text{div } (\sigma\cdot\mathbf{E}) = \mathbf{E}\cdot\text{grad } \sigma + \sigma \cdot \text{div } \mathbf{E} = 0$$

Wir erhalten also div **E** = - (grad σ · **E**) /σ. Das ist aber nach dem Gauß'schen Gesetz bis auf den Faktor $1/\varepsilon_0$ (mit der elektrischen Feldkonstanten ε_0) gerade die gesuchte Ladungsdichte ρ:

$$\rho = - (\text{grad } \sigma \cdot \mathbf{E}) \cdot \varepsilon_0/\sigma \qquad (*)$$

Im homogenen Feld des **Leiterinneren** in x-Richtung (bei entsprechender Leitergeometrie) mit $\mathbf{E} = E\, \mathbf{e}_x$ gilt dann

$$\rho = - (d\sigma/dx \cdot E)\cdot \varepsilon_0/\sigma$$

Eine von 0 verschiedene Ladungsdichte gibt es also **im Leiter** nur an solchen Stellen, wo sich die Leitfähigkeit in x-Richtung ändert, falls $E \neq 0$. Den Faktor s = $-d\sigma/dx \cdot 1/\sigma$ nenne ich zum Gebrauch in diesem Text "**Leitfähigkeitsprofil**".

> Im stromdurchflossenen Stromkreis gibt es nirgends "gestaute" Ladungen oder Ladungsanhäufungen außer an den Stellen, an denen sich die Leitfähigkeit ändert oder - wie wir Kap. I.1.5 entnehmen - die Querschnittsfläche.

Weil ρ mittels der Stromdichte **j** berechnet wurde, ist man geneigt, die Ladungsdichte als eine Folge des Stroms anzusehen. Andererseits ist der Strom nicht stationär, wenn nicht ρ genau diesen Wert hat. Wieder einmal: die Elektrodynamik ist keine kausale Theorie; sie beschreibt nebeneinander, gleichzeitig vorliegende Situationen.

Ein geschlossener Stromkreis bestehe aus Batterie und Lämpchen. Die Kontinuitäts-gleichung gibt keinen Anlass für weitere Ladungsanhäufungen in den Leitern. Wür-de die Verbindungsleitung von Lämpchen und Pluspol einen Überschuss an positi-ven Ladungen aufweisen (auf den gedachten Kondensatoren, z.B. durch Oberflä-chenladungen) und die Verbindungsleitung von Lämpchen und Minuspol einen Mangel an positiven Ladungen - Entsprechendes gilt für negative Ladungen -, näh-men diese Ladungen nicht am Stromfluss teil und hätten für ihn nach Bildung des für einen stationären Strom notwendigen Felds **keine Funktion** mehr (vgl. Konden-sator-Modell).

Beim Übergang zwischen Zonen unterschiedlicher Leitfähigkeit ändert sich bei un-veränderter Stromdichte $\mathbf{j} = \sigma \cdot \mathbf{E}$ die elektrische Feldstärke $\mathbf{E}$ im Inneren des Leiters. Beim Übergang von hoher zu niedriger Leitfähigkeit muss die Feldstärke wachsen. Die Anpassung der Feldstärken geschieht durch Raumladungen. Nahe des positiven Pols werden positive, nahe des negativen Pols negative Raumladungen gefordert. Man erwartet, dass bei großem Unterschied der Feldstärken auch eine dem Betrag nach große Ladungsmenge erzeugt werden muss. Das Vorzeichen von $d\sigma/dx$ ent-scheidet über das Vorzeichen der Raumladung. Bei Übergang von niedriger zu ho-her Leitfähigkeit sind die Polaritäten der Raumladungen umgekehrt, ohne dass sich die Orientierung des elektrischen Felds ändert, also der Stromrichtung folgend: erst negative, dann positive Raumladungen.

Details der Ladungsdichte-Verteilung hängen stark von der Art des Übergangs zwischen Berei-chen unterschiedlicher Leitfähigkeit ab. In der Regel kann man von einer Übergangszone von wenigen Atomlagen ausgehen. In vergleichbarer Breite in x-Richtung entsteht dort eine La-dungsdichte-Zone mit positiven bzw. negativen Raumladungen. Lässt man die Breite der Übergangszone gegen 0 gehen, entsteht eine Flächenladungsdichte in einer Ebene senkrecht zum Leiterquerschnitt ("Stirnladung"). Aber, wenn man in die Übergangszone von atomarer Breite übergeht, wird die Annahme von sich stetig verändernder Leitfähigkeit problematisch.

Wir betrachten jetzt einen Widerstand mit einem Übergang von einem Bereich großer Leitfähigkeit σ_∞ zu einem Bereich geringer Leitfähigkeit σ_0. Es gelte $\sigma_0 = 1/k \cdot \sigma_\infty$ mit dem Leitfähigkeitssprung $k = \sigma_\infty/\sigma_0 = E/E_\infty$. Im Übergangsbereich ist die Leitfähigkeit σ ebenso wie die Feldstärke E_x ortsabhängig. Außerhalb des Wi-derstands soll die elektrische Feldstärke E_∞ sein.

II.2.2 Raumladungen in stromdurchflossenen Leitern

a) **Bei einer bestimmten Stromdichte** mit dem Betrag $j = I/A = \sigma \cdot E$ wird die Orts-abhängigkeit der elektrischen Feldstärke bzw. von σ in Rechnung gesetzt. Da j über-all konstant, folgt $E = j/\sigma = I/(A \cdot \sigma)$. Die **Ladungsdichte** ρ wird dann

$$\rho = - (d\sigma/dx) \cdot 1/\sigma \cdot E \cdot \varepsilon_0 = - (d\sigma/dx)/\sigma \cdot I/(A \cdot \sigma) \cdot \varepsilon_0 = - (d\sigma/dx) \cdot 1/\sigma^2 \cdot I/A \cdot \varepsilon_0$$
(ρ und σ sind ortsabhängig)

Für die **Gesamtladung** in einem solchen Raumladungsbereich erhalten wir durch Integration, wenn a und b zwei geeignete Koordinaten im guten bzw. im schlechten Leiter sind:

$$Q = \int_a^b \rho(x)\, dx \cdot A$$

$$Q = -\int (d\sigma/dx)\cdot 1/\sigma^2\, dx \cdot I/A \cdot \varepsilon_0 \cdot A \qquad \text{mit den gleichen Grenzen,} \quad \text{oder}$$

$$Q = -\int_{\sigma_\infty}^{\sigma_0} 1/\sigma^2\, d\sigma \cdot I \cdot \varepsilon_0 \quad , \qquad Q = 1/\sigma \Big|_{\sigma_\infty}^{\sigma_0} \cdot I \cdot \varepsilon_0$$

Also $\quad Q = (1/\sigma_0 - 1/\sigma_\infty) \cdot I \cdot \varepsilon_0 \qquad$ oder

$$\boxed{Q = (k - 1) \cdot I/\sigma_\infty \cdot \varepsilon_0}$$

mit dem "Leitfähigkeitssprung" $k = \sigma_\infty/\sigma_0 = E/E_\infty$.

Das Ergebnis hätte man in einer ähnlichen Situation (statt Raumladung: Flächenladung) viel einfacher erhalten, wenn man eine infinitesimale „Dose" um die Grenzfläche gelegt hätte, wobei die infinitesimalen Zylindermantelflächen die Grenzfläche durchstoßen. Das Oberflächenintegral $\iint ...df$ über die Verschiebungsdichte $\mathbf{D} = \varepsilon_0 \cdot \mathbf{E}$ hätte die eingeschlossene (wahre) Ladung ergeben, also

$$\iint \mathbf{D} \cdot d\mathbf{f} = Q \qquad \text{bzw.} \quad \mathbf{n}\cdot(\mathbf{D}_2 - \mathbf{D}_1) = \mathbf{n}\cdot(\mathbf{E}_2 - \mathbf{E}_1)\cdot A \cdot \varepsilon_0 = Q$$

wobei $\mathbf{n}$ ein normierter Normalenvektor senkrecht zu Deckel und Boden der „Dose" und A deren Fläche ist. Identifizieren wir E_1 mit der Feldstärke im Widerstand, also mit $E = j/\sigma_0$, und E_2 mit $E_\infty = j/\sigma_\infty$. Nach Ausklammern von E_∞ und mit $k = \sigma_\infty/\sigma_0 = E/E_\infty$ finden wir $j/\sigma_\infty\cdot(1 - E/E_\infty)\cdot A\cdot \varepsilon_0 = Q$ oder $Q = j/\sigma_\infty\cdot(1 - E/E_\infty)\cdot A\cdot \varepsilon_0$, also obiges Ergebnis. Q/A wäre dann eine Flächenladungsdichte auf der Grenzfläche.

Bei Verwendung von Kupferleitungen zu beiden Seiten des Widerstands mit dem spezifischen Widerstand $1/\sigma_\infty = 1{,}56\cdot 10^{-8}$ V·m/A und $k = 42$ (Größenordnung bei Cr-Ni-Widerstandsdraht) und $I = 10$ A erhalten wir $Q = 42 \cdot 10$ A·$1{,}56\cdot 10^{-8}$ V·m/A · $8{,}85\cdot 10^{-12}$ As/Vm $\approx 566\cdot 10^{-19}$ As $\approx 350\cdot e$.

Diese Ladungsmenge ist überraschend gering: die gesamte negative Raumladungswolke enthält in der Übergangszone zum Widerstand nur ca. 350 Elektronen. Sie wächst, unabhängig vom Leiterquerschnitt A, bei größerer Stromstärke I und größerem Leitfähigkeitssprung $k = \sigma_\infty/\sigma_0$. Bei anderen Parameteränderung kann sie auch kleiner gemacht werden. Im Bereich atomarer Maßstäbe für die Übergangszone versagt wohl das Modell der stetigen Leitfähigkeitsänderung.

b) **Bei fester Batteriespannung U** soll der Widerstand vergrößert werden. Der Widerstand soll ein langer Draht der Länge ℓ und der Querschnittsfläche A sein. Nur für die **Stromberechnung** bei der gegebenen Spannung U soll der Widerstand im Stromkreis allein durch σ_0 **im Inneren des schlechten Leiters** bestimmt sein, d.h. die Spannung U soll ganz am Widerstand abfallen.

Es gilt dann $I = U/R = U \cdot A \cdot \sigma_0/\ell$ mit den Widerstandsdimensionen A und ℓ, wegen $R = \ell/(A \cdot \sigma_0)$. Daraus ergibt sich der Betrag der Stromdichte $j = I/A = U \cdot \sigma_0/\ell$. Unter diesen Voraussetzungen gilt nur für den Bereich des Widerstands $E = U/\ell$ und $j = \sigma_0 \cdot E = \sigma_\infty \cdot E_\infty$, letzteres für den Teil des Stromkreises außerhalb des Widerstands. Tatsächlich ist $E_\infty = (\sigma_0/\sigma_\infty) \cdot E$. Wenn im Widerstand die Leitfähigkeit σ_0 kleiner ist als σ_∞, ist die elektrische Feldstärke E im Widerstand größer als in den Stromzuführungen (σ_∞).

Den Faktor $f = \sigma_0/\sigma = E_x/E$ nenne ich für diesen Text "**Feldfaktor**". Der Feldfaktor gibt an, wie sich das elektrische Feld innerhalb der Übergangszone des Widerstand (E_x) gegenüber dem globalen Wert im Widerstand (E) verändert. In Bereichen, in denen er 1 ist, ist die Anpassung der elektrischen Feldstärke an den globalen Wert im Widerstand vollzogen. Dann ist die Feldstärke näherungsweise gleich der Feldstärke $E = U/\ell$ (bei einer Länge ℓ des Widerstandsdrahts und der Spannung U am Widerstand). In Bereichen mit kleinerem Feldfaktor ist auch die elektrische Feldstärke kleiner als U/ℓ, wie etwa in den Stromzuführungen und in den Übergangszonen. Wird bei einer festen Batteriespannung U die Leitfähigkeit des Widerstands reduziert, entstehen zwischen den Übergangsstellen Zonen vergrößerter Feldstärke. An ihrem Rand finden wir Raumladungen, die die elektrische Feldstärke auf die im Widerstand herrschende anpassen. Der Feldfaktor nähert sich jenseits der Stelle, wo $\sigma_0/\sigma = 1/2$ ist, seinem Maximalwert 1. $f \cdot k$ zeigt, wie sich die elektrische Feldstärke im Widerstand gegenüber dem Wert außerhalb verändert.

Für die Ladungsdichte ρ erhalten wir dann:

$\rho = - (d\sigma/dx)\, 1/\sigma^2 \cdot I/A \cdot \varepsilon_0 = - (d\sigma/dx)\, 1/\sigma^2 \cdot U \cdot \sigma_0/\ell\, \varepsilon_0$, also

$$\rho = - d\sigma/dx\; 1/\sigma^2 \cdot \sigma_0 \cdot U/\ell \cdot \varepsilon_0$$

und damit:

$$\rho = s \cdot f \cdot U/\ell \cdot \varepsilon_0 \quad (*)$$

mit dem Leitfähigkeitsprofil s = - (dσ/dx)/σ und dem Feldfaktor f = σ_0/σ = E_x/E .

Der Verlauf der Ladungsdichte ρ ist durch das Produkt von **Leitfähigkeitsprofil** s = (dσ/dx)/σ und **Feldfaktor** f = σ_0/σ bestimmt. Dieses Produkt als Maß für ρ (blau) wird in der folgenden Graphik dargestellt. Dort, wo sich die Leitfähigkeit nicht ändert, verschwindet (bei konstantem Querschnitt) das Leitfähigkeitsprofil s und damit die Ladungsdichte ρ. Details der Rechnung finden Sie unter

http://www.forphys.de/Website/elekt/stauladpol.html

Dort werden **zwei verschiedene Leitfähigkeitsübergänge** für Gleichung (*) untersucht. Die Rechnungen wurden in weiten Teilen analytisch durchgeführt und durch numerische Rechnung mit einer Tabellenkalkulation überprüft.

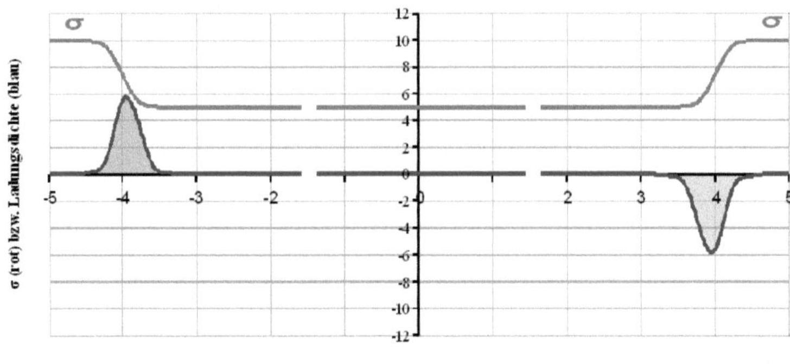

Abb. 44: Ein typisches Ergebnis (für σ_∞ = 1; σ_0 = 0,5). Geringere Leitfähigkeit gehört zu größerem elektrischen Widerstand und größerer elektrischer Feldstärke. Sie erkennen positive und negative Raumladungen nahe der Übergangszonen der Leitfähigkeit. Willkürliche Einheiten. Beachten Sie die Maßstabsänderung auf der x-Achse.

In der Zeichnung wurden willkürliche Einheiten verwendet. Während die Übergangszone eine Breite von einigen Atomlagen hat, ist der **Abstand der zwei Übergangszonen sehr viel breiter als in der Zeichnung**. Da es nur auf die Verhältnisse der Ladungsdichten ankommt, soll σ_∞ (weit außerhalb des Widerstands) in allen Fällen 1 sein. σ_0 ist die Leitfähigkeit im Widerstand.

Gemäß S. 52, Gl. (*) könnten sich weitere Ladungen dort ergeben, wo z.B. dσ/dy $\cdot$ $E_y \neq 0$, also höchstens außerhalb des Leiters, z.B. nahe der Oberfläche („Mantelladungen"). Das wird hier nicht weiter untersucht.

II.3 Spannungsdefinition über Energie oder Arbeit?

II.3.1 Energie E versus Verschiebungs-Arbeit W

Traditionell wird Energie vage als „Fähigkeit, Arbeit zu verrichten" oder quantitativ als „gespeicherte Arbeit" eingeführt. Umgekehrt entsteht Arbeit aus Energiedifferenzen. Beide Zugänge sind also mehr oder weniger gleichwertig. Didaktisch bietet die Bevorzugung der Arbeit, besonders der Verschiebungs-Arbeit, einige Vorteile: Der Fokus liegt auf ihrer Eigenschaft als Prozess-Größe, und sie kann beurteilt werden allein auf Grund ihrer Wirkungen, also einer Verschiebung oder, in anderen Fällen, einer Erwärmung. Man braucht dann nicht unbedingt zu fragen, woher die Arbeit kam, welche Energieumwandlung stattfand. Im Fall des Gleichstromkreises glaubt man die Antwort zu kennen; bei der Induktion ist es deutlich schwieriger zu benennen, welche Energie in einem Widerstand in Stromwärme umgewandelt wurde. Die Formulierung der Spannungsdefinition mit Hilfe der Verschiebungsarbeit W ist zudem näher an der Definition der DIN-Norm 1324 (letztlich $U = W/Q$), die auch das Problem umgeht, ob ein Potenzial vorliegt oder nicht. Auch die Definition einer Ringspannung bei der Induktion mit der Verschiebungs-Arbeit (von einem Punkt A zum Punkt A zurück) wirft weniger Fragen auf als die Definition über eine Energiedifferenz. Insgesamt sind die Formulierungen der Spannungsdefinition über die Arbeit einfacher. Nachteil ist eventuell, dass den Schülern der Begriff der (Verschiebungs-)Arbeit zum Zeitpunkt der Einführung der Spannung noch nicht vertraut ist.

Wider besseres Wissen habe ich im Schülertext dennoch den Weg über die Energie gewählt, weil dies eher dem augenblicklichen Trend entspricht.

II.3.2 Die zwei Varianten von Spannungs-Definitionen

Spannungsbegriff	Definition mit Arbeit	Definition mit Energie
Spannung der Energiequelle	… soll die **Verschiebungsarbeit pro Ladungsmenge** ($U = \Delta W/Q$) sein, die bei Verschiebung der Ladung Q von einem Pol der Energiequelle zum anderen verrichtet wird.	Spannung U einer Energiequelle soll die **Energie pro Ladungsmenge** ($U = E/Q$) sein, die durch Vermittlung der Ladung Q in den Stromkreis transportiert werden kann.

Spannungsbegriff	Definition mit Arbeit	Definition mit Energie
Spannungsabfall an einem Energiewandler	… soll die **Verschiebungsarbeit pro Ladungsmenge** ($U = \Delta W/Q$) sein, die verrichtet wird bei Verschiebung der Ladung Q durch einen oder mehrere Widerstände (Energiewandler).	*Spannungsabfall* U zwischen zwei Punkten, z.B. an Anfang und Ende eines Widerstands, soll die Energie pro Ladungsmenge Q sein, die an den Widerstand abgegeben wird, wenn die Ladungsmenge Q durch ihn / zwischen den beiden Punkten hindurch fließt.
Spannung allgemein	… soll die **Verschiebungsarbeit pro Ladungsmenge** ($U = \Delta W/Q$) sein, die bei Verschiebung der Ladung Q von einem Punkt A zu einem Punkt B verrichtet wird.	*Spannung* U soll allgemein die Energie pro Ladungsmenge Q sein, die beim Transport der Ladungsmenge Q (von einem Punkt A des Stromkreises zu einem Punkt B) von der Energiequelle abgegeben wird.
Ringspannung	Ringspannung U soll die **Verschiebungsarbeit pro Ladungsmenge** ($U = \Delta W/Q$) sein, die bei Verschiebung der Ladung Q auf einem geschlossenen Weg von einem beliebigen Punkt A zu A zurück verrichtet wird.	**Ringspannung** U soll die Energie pro Ladungsmenge Q sein, die beim Transport der Ladungsmenge Q auf einem geschlossenen Weg von einem beliebigen Punkt A zu A zurück den Energiewandlern im Kreis zugeführt (oder: von der Energiequelle abgegeben) wird.

Ich habe wenig Wert auf die Klärung gelegt, wer Energie überträgt oder an wen Energie übertragen wird. Das hätte möglicherweise Einfluss auf das Vorzeichen der Spannung. Die Diskussion darüber möchte ich den Schülern ersparen. Auch auf „Spannung am Punkt B gegenüber Punkt A" habe ich zugunsten der ungenaueren „Spannung zwischen den Punkten A und B" verzichtet.

II.3.3 Zweierlei „Elektronengas"

Wenn in diesem Text vom Elektronengas die Rede ist, ist das Elektronengas der Physik gemeint und nicht das gleichnamige „Elektronengas", das kürzlich in der Didaktik erfunden wurde beim Versuch, die Rolle statischer Oberflächenladungen zu modellieren. Dementsprechend lehne ich auch die Einführung eines „elektrischen Drucks" als Ersatzbezeichnung für elektrisches Potenzial ab, dessen Erfolg m.E. auf einer Fehlvorstellung der Schüler beruht, nämlich, dass Druck etwas mit Kompressibilität und Kräften zur Expansion zu tun habe. Zugrunde liegt möglicherweise die Vorstellung, dass die Coulomb-Abstoßung der Elektronen in Bereichen mit vermeintlich höherer Elektronendichte Ursache für ihre Bewegung im Stromkreis sei. Da „elektrischer Druck" nur im entsprechenden didaktischen Vorschlag vorkommt, verbaut man mit ihm m.E. für die Zukunft ein physikalisches Verständnis, ganz abgesehen von der ungewöhnlichen theoretischen Begründung des Modells.

II.3.4 Potenzial und potenzielle Energie

Ausgangspunkt ist die Verschiebung einer Ladung q von einem Punkt A zu einem Punkt B. Falls die Verschiebungsarbeit W dafür wegunabhängig ist, ist $\Delta\varphi = W/q$ eine Potenzialdifferenz, nach Festlegung eines Potenzialnullpunkts die Grundlage für ein eindeutiges Potenzial an einer bestimmten Stelle. In einer Induktionsschleife ist das nicht erfüllt, trotz der Existenz einer solchen Verschiebungsarbeit, die hier wegabhängig ist.

Im Gleichstromkreis mit einer Batterie kann man modellmäßig von freien Leitungs-Elektronen ausgehen, die im Grundzustand $E_{kin} = 0$ und $E_{pot} = 0$ haben und ein nicht komprimierbares Gas bilden. Außerhalb der Batterie liegt ein reines Potenzialfeld vor (nicht aber in der Batterie). In ihm erhält ein Leitungselektron potenzielle Energie. Dann mag es Sinn machen, wenn man die Energieabgabe an einen Widerstand beschreibt als Abgabe von potenzieller Energie eines Elektrons an den Widerstand. In der vergleichbaren Situation bei der Induktion in einer geschlossenen Induktionsschleife gibt es kein Potenzial. Man kann einem Elektron an keinem Ort eine potenzielle Energie zuschreiben. Dennoch wird an einen Widerstand Energie abgegeben.

Es gibt eine alternative Beschreibung der Energiezufuhr in einen Widerstand: Gemäß des Poynting-Vektors (Energiestrom-Vektors) $\mathbf{S} = \mathbf{E} \times \mathbf{B}$ tritt elektromagnetische Energie, geführt durch das elektrische und das magnetische Feld, die beide in unterschiedlicher Weise einen stromdurchflossenen Leiter begleiten, durch die Wandung des Widerstands aus dem umgebenden Vakuum ein. Deswegen ist im Schülertext immer wieder davon die Rede, dass Ladungen mit Hilfe von elektrischen und magnetischen Feldern einen Energietransport „vermitteln", dass sie selbst nicht die nötige Energie transportieren, aber als Vehikel für sie fungieren. Nach dieser Darstellung braucht man nicht zu entscheiden, ob ein Potenzial existiert oder nicht.

II.3.6 Spannungen bei der Induktion

Bei der Induktion entsteht typischerweise eine Ringspannung U_{AA} (bei beliebigem Punkt A; wegen dessen Beliebigkeit wird der Index AA in der Regel weggelassen). Diese hängt vom Verlauf des Wegs von A nach A ab, z.B. vom Verlauf der Induktionsschleife. Ein Potenzial ist also ausgeschlossen. In einer solchen Schleife seien jetzt die Widerstände $R_1 = 10\ \Omega$, $R_2 = 20\ \Omega$ und $R_3 = 30\ \Omega$ eingebaut. Es fließe ein Induktionsstrom von $I = 1$ mA. Dann entstehen die Spannungsabfälle („Strom macht Spannung") 10 mV, 20 mV und 30 mV. Wenn die verbindenden Leiterabschnitte vernachlässigbaren Widerstand haben, beträgt also die Ringspannung U_{AA} auf dem Weg durch die Widerstände 60 mV. Auf einem Weg, der eine geringere Änderung des magnetischen Flusses einschließt, wäre die Ringspannung geringer; sie kann sogar 0 sein, bei kürzestem Weg von A nach A. Die Spannungsabfälle sind nicht die Folge einer Potenzialdifferenz, weil es wegen der Wegabhängigkeit der Spannung kein Potenzial geben kann. Das unterstreicht die Tatsache, dass man Spannung höchstens in der Elektrostatik durch eine Potenzialdifferenz definieren sollte. Die Spannungs*abfälle* sind eine Folge von Oberflächenladungen („Stirnladungen"), die durch die Kontinuitätsgleichung erfasst werden, ähnlich wie im Gleichstromkreis. Es sei erwähnt, dass man bei der Messung von Induktionsspannungen zusätzliche magnetische Flüsse infolge der Zuleitungen zu den Messgeräten vermeiden muss.

In Schulbüchern steht häufig, bei der Induktion entstehe eine Spannung „zwischen den Enden einer (unterbrochenen) Induktionsschleife oder Spule". Auch hier muss man versuchen, bei der Messung der Spannung einen zusätzlichen magnetischen Fluss zu vermeiden. Aber der didaktische Trick ist auch klar: Indem der Stromkreis unterbrochen wird, bilden sich an den „Enden" Ladungen, die ein sekundäres wirbelfreies elektrisches Feld erzeugen. Es entsteht eine sekundäre gewöhnliche Spannung gleicher Größe wie die Ringspannung und man vermeidet die Diskussion über diese. Korrekt, aber das Wesen der Induktion - Entstehung einer Ringspannung - wird nicht vermittelt, und diese sekundäre Spannung ist nicht die Ursache für einen Induktionsstrom: Dummerweise passt die unterbrochene Schleife gerade nicht zur Situation mit einem Induktionsstrom, für den man sich vielleicht gerade interessiert.

An zwei scheinbar parallel geschalteten unterschiedlich großen Widerständen in einem Stromkreis, der einen sich ändernden magnetischen Fluss einschließt, entstehen, anders als beim Gleichstromkreis, unterschiedliche Spannungen an den Widerständen. Es handelt sich ja um Spannungsabfälle an Widerständen, die vom gleichen Induktionsstrom durchflossen sind („Strom macht Spannung"; Reihenschaltung).

II.4 Einige Gesichtspunkte zur Formulierung des Schülertextes

- Strom, Stromstärke und Spannung sollen in möglichst großem zeitlichen Abstand behandelt werden, Spannung zunächst qualitativ als „Pumpenstärke",
- dagegen Energietransport und Ladungstransport möglichst in zeitlicher Nähe mit stärkerer Betonung des Energietransports. Damit ist es vielleicht möglich,

die umgangssprachliche Verwendung von „Strom- ..." statt „Energie- ...", wie etwa in „Stromrechnung", zu umgehen.

- Elektronen *vermitteln* den Energietransport durch Felder; sie transportieren nicht selbst.

- Der Potenzialbegriff wird vermieden, sowohl inhaltlich als auch sprachlich, u.a. weil ein Potenzial die Beschaffung der Stromwärme nicht erklärt.

- Die Spannung U soll kompatibel mit DIN 1324 einheitlich definiert werden für Elektrostatik, Stromkreis mit Batterie und Induktion.

- Es gibt nur eine Stromrichtung, die so genannte „technische"; aber es kann sinnvoll sein, eine „Bewegungsrichtung von Ladungen" zu diskutieren.

- Druckmodelle sind m.E. ungeeignet, weil ich fürchte, dass in der Schule kaum jemand den Druck richtig verstanden hat. Druck wird vielfach in zu starker Nähe zu einer Kraft gesehen (vgl. falsche Definition: Druck ist Kraft pro Flächeneinheit), außerdem im Zusammenhang mit Kompressibilität („komprimiertes, also verdichtetes Gas, will expandieren und übt so Kräfte auf die Umgebung aus": erklärt die Coulomb-Abstoßung der Elektronen etwa den Stromfluss?).

- Der Unterricht soll sich auf den stationären Strom nach dem Einstellvorgang beschränken. Eine Diskussionen über Einstellmechanismen soll nicht angeregt werden. Diese sind schwer zu erfassen.

- Nach dem Einstellvorgang sollen Stromfluss und Energietransport als kontinuierliche Vorgänge dargestellt werden, nicht aufgelöst in Vorgänge mit einzelnen Elektronen. „Körnige" Prozesse würden m.E. in „Teufels Küche" führen.

- Außerdem scheint es mir ein wichtiges Lernziel zu sein, sich bewusst zu werden, dass in vielen Fällen, wie hier, gerade der Verzicht auf „mikroskopische" Betrachtungen zu bedeutenden Erkenntnissen führen kann.

Beim Stromkreis macht es Schwierigkeiten, dass das System „Stromkreis" nach Erreichen des stationären Zustands eine Situation geschaffen hat, in der Ströme und Ladungen an die im Kreis herrschenden Felder angepasst sind, die wiederum selbst als eine Folge der Ströme und Ladungen in dem speziellen Stromkreis angesehen werden können, mit anderen Worten, dass im jeweiligen Stromkreis Ströme und Ladungen mit den Feldern kompatibel sind (Konsistenz der Elektrodynamik). Schülergemäß formuliert: Woher weiß der Strom, dass er später auf einen Widerstand bestimmter Größe oder eine Stromverzweigung treffen wird? Mit dem Hinweis, dass wir erst einsteigen, wenn „der stationäre Zustand dies geklärt" hat, werden schwer zu beantwortende Fragen nach dem notwendigen Mechanismus eingedämmt.

Damit hängt ein zweites Problem zusammen, nämlich dass lokales und nichtlokales Geschehen verknüpft sind: Ladungen befinden sich jeweils an einem bestimmten Ort, aber die auf sie wirkenden Kräfte gehen von verschiedensten anderen Ladungen aus. Schüler könnten fragen: Woher weiß das Elektron etwas von den übrigen Ladungen oder ihrer Verteilung im Stromkreis? Nichtlokales Denken ist den Schülern fremd. Physikalische Begriffe erlauben aber Tricks. Das Potenzial φ hat - wenn es existiert - an einem Ort einen bestimmten Wert, aber es geht nicht in die Physik des Stromkreises ein. Dagegen wirkt ein elektrisches Feld auf eine Ladung an einem bestimmten Ort. Das ist eine lokale Wirkung oder Nahwirkung. Aber wegen $\mathbf{E}$ = - grad φ bzw. eindimensional: E_x = - lim $\Delta\varphi/\Delta x$ (Δx => 0) folgt $\mathbf{E}$ aus dem Potenzial φ an mindestens zwei Orten. $\mathbf{E}$ ersetzt das Potenzial*gefälle* oder Potenzial*differenzen* und verknüpft so nichtlokale mit lokalen Aspekten. $\mathbf{E}$ ist nichtlokal durch alle Ladungen und Ströme bestimmt, „wirkt" aber lokal. Leider kann man im Anfangsunterricht das elektrische Feld kaum verwenden. Was dann? Analogien werden vorgeschlagen.

II.4.2 Zur Problematik der Druckmodelle

Nach weitverbreiteter Ansicht soll am negativen Pol vor einem Widerstand ein Überdruck (z.B. „elektrischer Überdruck", bzw. größere Elektronendichte) herrschen, am positiven Pol ein Unterdruck (bzw. verminderte Elektronendichte), vermutlich irgendwo unterwegs ein Drucknullpunkt („Normaldruck"). Im Bereich des Überdrucks werden Elektronen zum Pluspol hin abgestoßen, sie erfahren eine Kraft zum Pluspol. Im Bereich des Unterdrucks werden Elektronen vom Pluspol angesaugt. Elektronen fließen so vom Bereich des Überdrucks in den Bereich des Unterdrucks, vermutlich durch die aus dem Druck entstehenden Kräfte (das wird nicht gesagt, aber Schüler denken sich das wahrscheinlich dazu). Entstehen also zwei Kräfte auf Elektronen: eine „Wegdrückkraft", groß nahe des Überdruckbereichs, und eine „Ansaugkraft", groß nahe des Unterdruckbereichs? Was geschieht dann im Bereich des Normaldrucks? Wirkt dort auch noch eine Kraft, eine oder zwei?

Die Lösung ist ähnlich wie beim Fall eines Elektrons im Plattenkondensator. Wirkt dort etwa eine Abstoßungskraft von den Ladungen auf der einen Kondensator-Platte und eine Anziehungskraft von den Ladungen auf der anderen? Nein, es wirkt nur eine einzige Kraft auf das Elektron, nämlich die Feldkraft des elektrischen Feldes $\mathbf{F}$ = -e·$\mathbf{E}$ im Plattenkondensator. Durch das elektrische Feld wird ein nichtlokales Phänomen (Anziehung und Abstoßung durch verteilte Ladungen) zu einem lokalen gemacht: Wechselwirkung einer Ladung mit dem Feld am Ort der Ladung.

Analog dazu wirkt im Leiter des Stromkreises statt der beiden Kräfte eine einzige Kraft vom elektrischen Feld auf die Ladungen. Und diese Kraft $\mathbf{F}$ = -e·$\mathbf{E}$ hat nach der Elektrodynamik im einfachsten Fall (fast) überall gleichen Betrag, also auch im Bereich des „Normaldrucks", wie wir von den Oberflächenladungen gelernt haben. Um den Feldbegriff im Schülertext zu vermeiden, gehe ich mit dem Konzept der Batterie als Pumpe schulmäßig ganz anders vor, aber mit gleichem Ziel: Lokalisierung des Geschehens in der Batterie, leider auf Kosten der Vollständigkeit. Lediglich zur Beschreibung des Energietransports wird sehr vage von Feldern gesprochen.

Für Freunde des „elektrischen Drucks" heißt das, sie dürfen nur von Strömungen im

Druck**gefälle** sprechen, aber auf keinen Fall von Druck-Kräften an einer bestimmten Stelle. Es bleibt kein Zweifel an einem nichtlokalen und langreichweitigen Phänomen (so etwas wie ein „Druckfeld", lokalisiert als Gradient). Die Elektronen „kennen" offenbar an jedem Ort das Druck**gefälle** als Folge des Drucks in fernen Über- und Unterdruckzonen. Der Gedanke scheint mir nicht ganz einfach.

Wozu wird in einem bestimmten Modell aber ein *kompressibles* „Elektronengas" eingeführt, das vor dem Minuspol verdichtet, vor dem Pluspol verdünnt sein soll. Soll etwa doch nicht das Druckgefälle der Grund für das Strömen der Elektronen sein, sondern der Dichteunterschied? Nutzt man hier nicht eine Fehlvorstellung der Schüler? Fließt etwa so gut wie inkompressibles Wasser mit überall quasi konstanter Dichte nicht wegen und längs des Druckgefälles? Ob man es sagt oder nicht: Aus dem „elektrischen Druck" dürften in der Schülervorstellung sofort Kräfte wie bei einem angestochenen Fahrradschlauch entstehen, aus dem vermeintlich durch den Überdruck (durch die „Überdruck-Kraft") Luft herausgepresst wird. Oder die Schüler sprechen von Druck und meinen Dichte, zwei ganz unterschiedliche Begriffe, wozu sie evtl. durch die Zeichnung von Punktewolken verführt werden. Natürlich wird im entsprechendem Vorschlag klargestellt, dass auch bei der Strömung aus dem Fahrradschlauch der Druckunterschied zwischen innen und außen die Ursache ist. „Elektrischer Druck" soll wohl ein „alternativer" Name für Potenzial als Folge der Oberflächenladungen sein. „Druckgefälle" wäre dann ein neuer Name für elektrische Feldstärke, „Druckunterschied" für Potenzialdifferenz. Was bringt's? Ich befürchte, dass mit Druckmodellen ein schwer zu verstehendes Phänomen durch ein mindestens ebenso schwer verständliches Modell plausibel gemacht werden soll.

II.4.3 Problematik des umgangssprachlichen Gebrauchs von anderweitig verwendeten physikalischen Begriffen

Aus historischen Gründen haben sich in der Umgangssprache vieler Länder Bezeichnungen eingebürgert, die inzwischen eine andere Bedeutung erhalten haben. Wenn Schüler also von „*Strom*spannung" sprechen, demonstrieren sie damit nicht unbedingt physikalisches Unverständnis, sondern meinen korrekt „*elektrische* Spannung". So steht „Strom" in der Umgangssprache häufig für „Elektrizität" oder „elektrische Energie". Noch größer ist die Diskrepanz in anderen Sprachen: z.B. steht im Italienischen bzw. Portugiesischen „luce" bzw. „luz" (Licht) für „Elektrizität" oder „elektrische Energie". Eine angemessene Reaktion des Lehrers auf umgangssprachliche Argumentation von Schülern wäre also aus meiner Sicht: Ich verstehe, was du sagen möchtest, aber in der heutigen Sprache (Fachsprache) heißt dass so-und-so.

Umgangssprache	Fachsprache
Strom, luce (it.), luz (port.)	Häufig: Elektrizität bzw. elektrische Energie
Stromrechnung	Energierechnung

Stromspannung	Elektrische Spannung
Stromverbrauch	„Verbrauchte" elektrische Energie = in Stromarbeit/Stromwärme umgewandelte Energie
Elektrische Energie	Stromarbeit ≈ Stromwärme
Stromschlag	Elektrischer Schlag
Strom sparen	Energie sparen
Stromverschwendung	Energieverschwendung
Stromkosten	Energiekosten
Physikalische Stromrichtung	Bewegungsrichtung der Ladungsträger
Potenzial an einer Stelle einer elektronischen Schaltung	Potenzialdifferenz im Vergleich zum Massepunkt (als $\varphi = 0$ definiert)
Kraftstrom	Drehstrom (häufig ist wieder Energie gemeint)
Kraftwerk	Elektrizitätswerk

II.5 Literaturhinweise

Wenn Sie sich über aktuelle didaktische Diskussionen zum Stromkreis gründlicher informieren wollen, finden Sie in drei Literaturstellen, die ich hier stellvertretend anführe, nähere Angaben, insbesondere weitere Literaturstellen:

Härtel, Hermann (2012): Spannung und Oberflächenladungen. Was Wilhelm Weber schon vor mehr als 150 Jahren wusste. In: Praxis der Naturwissenschaften – Physik in der Schule 61 (5), S. 25–31.

http://www1.astrophysik.uni-kiel.de/~hhaertel/PUB/PhiS_2012_5_S_25-31.pdf

Burde, Jan-Philipp (2018): Konzeption und Evaluation eines Unterrichtskonzepts zu einfachen Stromkreisen auf Basis des Elektronengasmodells. Logos Verlag Berlin.
http://doi.org/10.30819/4726

Burde, Jan-Philipp; Wilhelm, Thomas (2015): Mit elektrischem Druck die Spannung verstehen lernen. Die Spannung als schwierige physikalische Größe.

https://www.univie.ac.at/pluslucis/PlusLucis/151/S28.pdf

Eine traditionelle Darstellung der Theorie des stationären Stroms finden Sie hier:

Panofsky, Wolfgang; Phillips Melba (1962), Classical electricity and magnetism, Addison-Wesley Publishing Company, 2. Auflage, S. 118 – 122

oder

Becker, Richard (1964), Theorie der Elektrizität, Teubner Stuttgart, 18. Auflage, S. 104 – 111